华南理工大学人文建筑之旅

HUANAN LIGONG DAXUE RENWEN JIANZHU ZHILÜ

（第二版）

陈国坚　袁晓凤　欧阳慧芳　朱丽梅　顾美玲　编著

华南理工大学出版社
SOUTH CHINA UNIVERSITY OF TECHNOLOGY PRESS
·广州·

图书在版编目（CIP）数据

华南理工大学人文建筑之旅/陈国坚等编著. —2版.
—广州：华南理工大学出版社，2015.8
ISBN 978-7-5623-4351-6

Ⅰ.①华…　Ⅱ.①陈…　Ⅲ.①高等学校—教育建筑—概况—广东省　Ⅳ.①TU244

中国版本图书馆CIP数据核字（2014）第203400号

华南理工大学人文建筑之旅
陈国坚　袁晓凤　欧阳慧芳　朱丽梅　顾美玲　编著

出 版 人：韩中伟
出版发行：华南理工大学出版社
（广州五山华南理工大学17号楼，邮编 510640）
http://www.scutpress.com.cn　E-mail：scutc13@scut.edu.cn
营销部电话：020-87113487　87111048（传真）
出版策划：韩中伟
责任编辑：谢茉莉
印 刷 者：广州家联印刷有限公司
开　　本：787mm×960mm　1/16　印张：9.25　字数：178千
版　　次：2015年8月第2版　2015年8月第3次印刷
印　　数：7 001～12 000册
定　　价：49.00元

序

在我求学和工作的早期，曾经在国内外好几所大学有过或长期或短期的停留与生活，这些大学校园都有着各自的景观特色。但于我而言，常常为繁重的学业、忙碌的工作所累，终日步履匆匆，故而少有闲暇驻足以专注忘情地欣赏身边美丽的风景。

2001年因工作关系，我来到了南方名城——广州，进入到南国名校华南理工大学，开始了我事业征途上新的旅程。

初到华园，映入眼帘的是一派颇具亚热带风情的园景，数个错落有致的湖泊，起伏连绵、散落其间的山丘，一排排高大茂盛的芒果树，笔直挺立的棕榈树、木棉树，还有满眼火红俏丽、绚烂无比的杜鹃花、凤凰花……如此种种，着实美不胜收，令人沉醉。

然而最让人回味和怀想的，不单是这美丽的自然风光，更在于华园中那一处处极富人文底蕴的老建筑、老景观：建筑红楼、5号楼、7号楼、8号楼、9号楼、12号楼，东一至东五宿舍，西一、西二宿舍，发电厂、老电话室，百步梯、日晷，东湖、西湖、南湖、北湖……这些校园建筑与景观大多形成于20世纪三四十年代原国立中山大学石牌校区建设初期，至今已走过了80年的沧桑风雨。

哲学家说：建筑是凝固的音乐。它绝非单纯的冰冷呆板的钢筋水泥混合物，而应该是一件件富有生命和满含温度的艺术品。华园中的这些老建筑和景观，装饰着栩栩如生的脊饰，精美的洗石米彩画，碧瓦红墙，绿树掩映，充分体现了中国传统建筑特色，蕴含着深厚的历史底蕴和浓郁的文化气息，虽然饱经风雨，却依旧巍峨壮丽，充满生机。

一幢建筑就是一段历史，一处景观就是一个故事，她们在岁月的打磨和洗礼中，与一代一代的华南理工人心手相连，执着而真诚地守望着华园这一片母亲般亲切的热土，共同见证着学校百年办学发展的风雨历程，承载着代代华南理工人薪火相传的人文精神。她们守候于校园各处，每日里静静地伴随着莘莘学子的琅琅书声，摒却纷扰和喧嚣，从清晨到日暮，仿佛在无声地诉说着华园历史上那些难忘的事，无比怀念地回想着那些难忘的人。

《华南理工大学人文建筑之旅》是一本汇集了华园新老建筑与景观历史故事的生动读物。书中的内容丰富，语言洗练，故事性强，使读者不但能从中对每一处建筑和景观的情况有一个全面了解，也能从中获取丰富的建筑和历史知识，可读性强，是一本值得向广大师生校友推荐的好书。

厚重的人文精神是一所大学的灵魂，而建筑和园景，则是大学人文精神的直观体现和生动写照。就让我们走进本书，去感悟历史，品味人生，陶冶情操。

余其俊

二〇一五年三月十二日

前言

华南理工大学现有五山和大学城两个校区。五山校区是老校区，为原国立中山大学石牌校区的一部分；大学城校区是新校区，位于广州市番禺区小谷围岛上。新校区于2003年动工修建，其建筑充满了当代建筑风格气息；五山校区则呈现岭南建筑从近现代到当代渐次演进的格调。

1952年全国高校院系调整时，中山大学迁往他处办学，而华南工学院则奉命在原中大石牌校区故址的一部组建，由此揭开了我校办学史上新的一页。

原中大石牌校区建筑推崇建筑选址、总平面规划的风水理论与传统，讲究建筑色彩的运用，追求特色。而今，不少景观早已超越时空以及自身，泛化为校园历史文化一部分。我校在随后的五山校区校园建设中，批判地继承了原有的建筑思想，尊重历史、风土人情，重视经济、适用与安全原则，使校园形成严格的轴线对称布置建筑的格局。

五山校区80余年的建设历史，新老岭南建筑，人文景观，错落有致。所具有的建筑特色，当中的人文品格，反映了岭南文化的本质特征和基本精神。一幢建筑，一个景观，都蕴藏了丰富的历史文化资源和现代文化品位；其一草一木，一湖一水，都给人一种美的享受。它们承载了不同时期的人文轶事，成为传承华南理工人治学精神和人文追求不可或缺的载体。

高校不仅要重视对学生的科学精神教育，也要重视对学生的人文素质教育。人文素质教育可以奠定一个人的深厚的文化底蕴，而文化底蕴的深浅，对一个人素质高低有着重要的影响。对于一所国家重点理工科大学来说，加强对学生的人文素质教育则更显重要。

对五山校区和大学城校区建筑与人文景观资源进行有效的挖掘，并合理地展示在广大青年学生面前，让学生了解校情、学习校史，进而了解国家历史，从而弘扬和培养他们的民族精神，激发他们对学校、国家历史和文化的自豪感，培养爱国、爱校情感，是对学生最好的人文素质教育。

2011年8月，《华南理工大学人文建筑之旅》首次出版，是挖掘、展示校园历史与文化的一举措。此书与广大师生、校友见面之后，得到了大家的肯定和喜爱，首版脱销已久。

今日再版此书，在体现校园人文建筑的历史厚重感同时，尽可能地使文字通俗易读，更富浪漫情感；将校园建筑与景观按一定的顺序安排游览线路。希望读者阅读本书时，有如信步校园，开始人文建筑之旅，在景观中寻味人文，在建筑中回眸历史，对校园建筑和人文景观有更深的感悟，带来一些新的收获。

编著者

二〇一五年五月

目录

五山校区

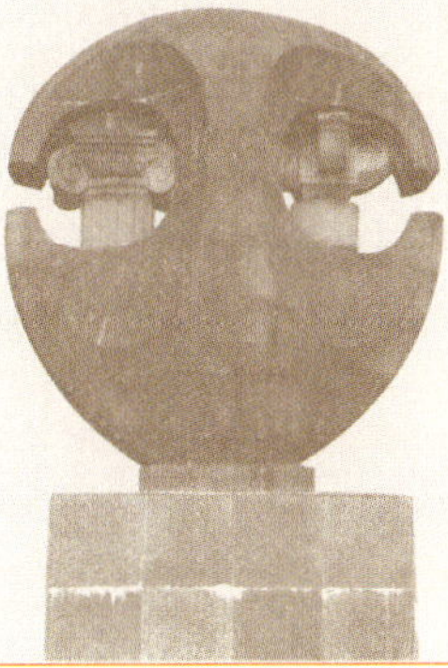

大学城校区

五山校区

WUSHAN XIAOQU

五山校区平面分布图

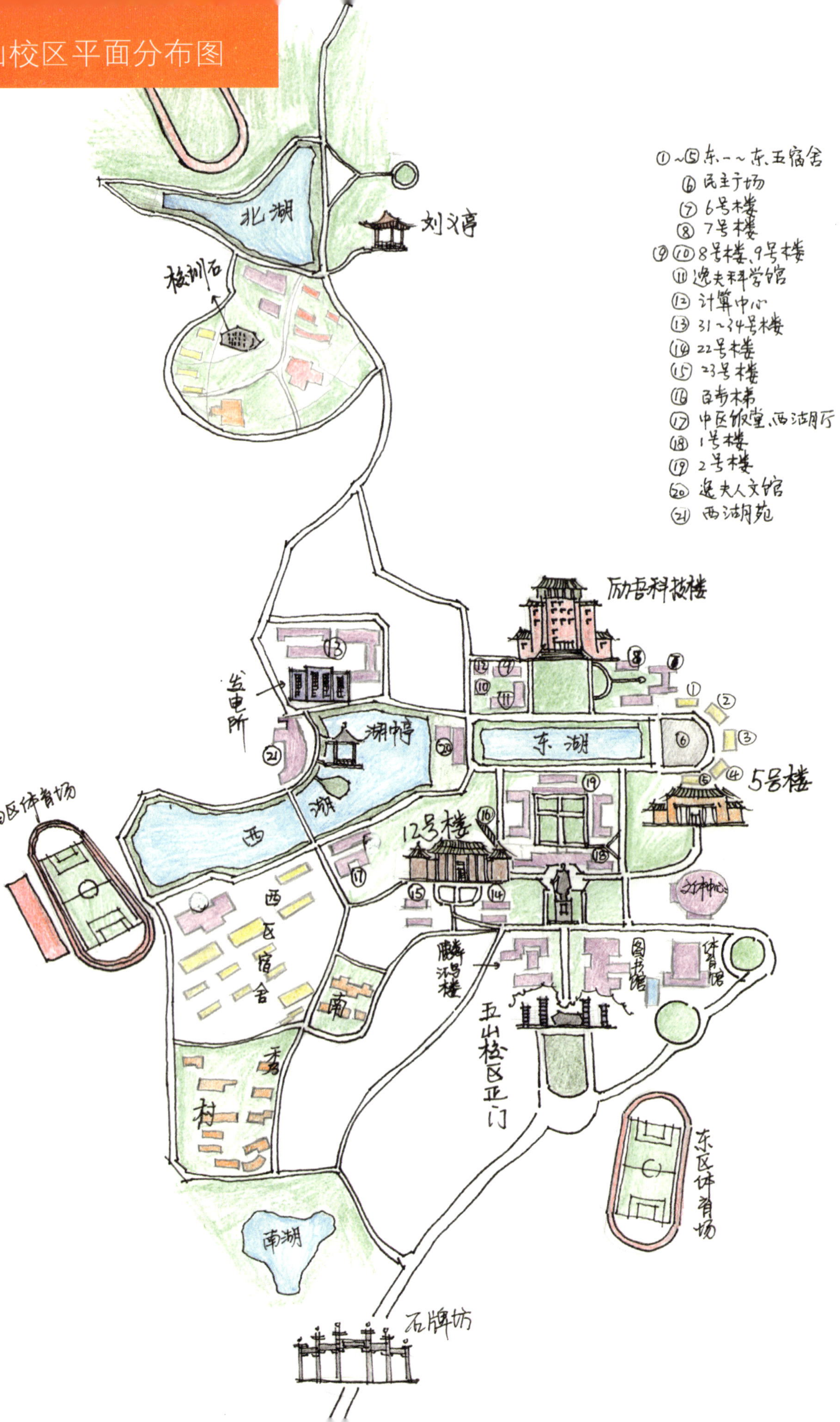
①~⑤ 东一~东五宿舍
⑥ 民主广场
⑦ 6号楼
⑧ 7号楼
⑨⑩ 8号楼、9号楼
⑪ 逸夫科学馆
⑫ 计算中心
⑬ 31~34号楼
⑭ 22号楼
⑮ 23号楼
⑯ 百步梯
⑰ 中区饭堂、西湖厅
⑱ 1号楼
⑲ 2号楼
⑳ 逸夫人文馆
㉑ 西湖苑
北湖
刘义亭
校训石
励吾科技楼
发电所
湖中亭
东湖
5号楼
西区体育场
西
湖
12号楼
西区宿舍
南
图书馆
体育馆
五山校区正门
东区体育场
南湖
石牌坊

五山校区规划布局

在广州，位于五山的石牌坊，见证着广东高等教育的发展历史。今天，华南理工大学矗立于此，她所在的这片校园，被人们亲切地称为华园。

但上溯至20世纪初，这片土地正是原国立中山大学的校园故址。所以，要了解学校五山校区概况，需对当时中大石牌校园的规划建设与整体布局情况做些了解。

该校前身为国立广东大学，它是孙中山先生于1924年亲自创办的，成为华南第一所由国人自己创办的多科性最高学府。1925年孙中山先生逝世以后，为纪念孙中山先生，国民政府于1926年8月正式宣布，将国立广东大学改名为国立中山大学。

国立广东大学是由国立广东高等师范学校、广东法科大学、广东农业专门学校三校合并而成。学校分散于喧闹的市区，不便管理，“且房舍破旧，随时有坍塌之危”，加上学校规模扩大，学生人数日渐增多，校舍已经不够使用，阻碍了学校的发展。为寻找一个有利于学生修身养性和求学的安静环境，孙中山便命邹鲁找到广州市东郊石牌作为新校址所在地。1924年先划定了2 700多亩，但由于财政困难，加上战乱，当时没有规划建设，只是作为中大农学院的第二农场使用。1928年当时广州市政府又划定与此相连的6 000多亩荒地，作为国立中山大学新校区用地。到1936年时，石牌新校区面积，不包括林场在内已扩大到12 000多亩。

1926年至1930年，戴季陶任校长期间，认为石牌校园新址“四方山环水抱”，面积广阔，地理位置好，是新校区理想的选址。因此，他在任期间，积极筹划新校区建设，多方筹集资金，请人规划设计图样。1932年邹鲁再任中大校长时，决心将其建设成“不但求之中国不落后，即求之世界各国中亦不落后”。为建设石牌校区他做了许多努力，具体参与了校园规划设计的全过程。他在保持原校园规划思想的基础上，更强调因地制宜，适应地形地貌来规划建设。

讲起石牌校区的规划，不能不提起中国近代建筑史上两位著名的设计师：吕彦直和杨锡宗。同为美国康奈尔大学建筑系1918届的校友，两人围绕中山陵、中山纪念堂、国立中山大学石牌校区的规划设计，展开了激烈竞标。吕彦直在中山陵和中山纪念堂的设

石牌新校舍全部計劃圖案

1 學校正門　2 中山紀念堂　3 農學院　4 管理處　5 圖書館　6 文學院
7 理學院　8 博物院　9 法學院　10 工學院　11 校長住宅　12 教職員住宅區
13,14 水塔　15 學生宿舍　16 露天演講台　17,18,19 運動場

石牌新校舍计划图

计中分别拔得头筹，杨锡宗获第三名与第二名，唯在国立中山大学石牌校区的规划方案中，杨锡宗的方案最终被采纳，而吕彦直落选。

专家推断，杨锡宗的规划方案被采纳，得益于其极具中国传统特色，然而，有鉴于吕彦直厚重的中国传统文化底蕴，他的方案也一定不逊于此。杨锡宗的方案何以最终征服评委，并得到眼光挑剔的邹鲁的认同呢？说法很多。

如戴传贤的“辟雍”意会说，即认为杨锡宗的设计“其底案乃就周代辟雍之制度而扩大之”。所谓“辟雍”，亦作“璧雍”“辟廱”“辟雝”等，本为古代西周所设的大学。《礼记·王制》有云：“大学在郊，天子曰辟雍，诸侯曰頖宫。”辟雍者，辟借作“璧”字，言其为一圆形；雍所代指的“廱”或“雝”两字中，所含的“邕”字，乃指四方有水，土在其中。广是高屋之形，意为学府建筑，四面环水，形如璧环。其中，东室称“东序”，为学干戈羽籥之所；西室称“瞽宗”，为演习礼仪之所；南室称“成均”，为学乐之所；北室称“上庠”，为学书之所。頖宫即泮宫，宫前有半月形水池，名为泮水。“水抱山环拥礼堂，居中形胜领诸方。未能宫室百官备，基石浑如数仞墙。”从邹鲁的诗中可看出，后因日寇入侵而终未建设的砖石礼堂（当时的礼堂仅系竹、草、木搭建的简易临时构筑物，位于现在的半山公园，即2～4号楼前所合围而成的草坪）为校园的地理中心，礼堂周邻的众多天然湖泊，形若“辟雍”四周环绕之水。在杨锡宗的方案中，他将一片丘陵荒山规划成“池沼荡漾、冈峦起伏”，并极富中国历史与文化内涵的山水校园（见石碑新校舍计划图、石碑新校舍草图）。

建筑布局恰似钟，这是石牌校区规划中的又一亮点。“院分文法理工农，全体形成恰似钟。若网在纲毫不紊，只想调洽不相冲。”追求院系“分途发展、互不相仿”的邹鲁，在其诗中清晰地点出了当时五大学院建筑物平面布局的钟形规划。布局中，农学院位于钟的顶部，意在强调农业乃国之根本；理学院、工学院居中，寓意国之臂膀；不言而喻，文学院、法学院在外的位置，意在密切社会联系与服务。平面模仿“钟”型，具有左右对称明显的轴线，包含了中国“以农为本”　“左文右武”及“男左女右”等传统思想特色。如文学院（现5号楼）与理学院（现6号楼）都在校区中轴线的左侧，而工学院与法学院（现12号楼）等系列建筑则在中轴线的右侧（见石牌校舍全部平面图），充分体现了当年校园建筑规划者，在选址上也讲究“青龙白虎”对称建筑的风水观和“左文右武”的传统礼制观。

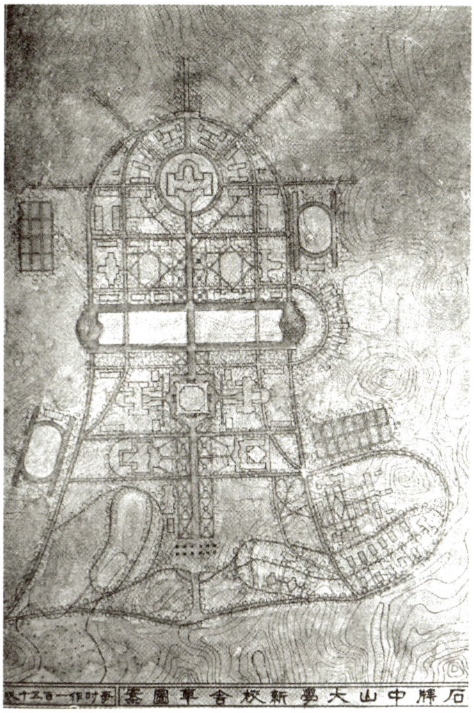

石牌新校舍草图

院系建筑物布局为何设计成钟形呢？目前，在华园得到广泛接受的有两种看法，一

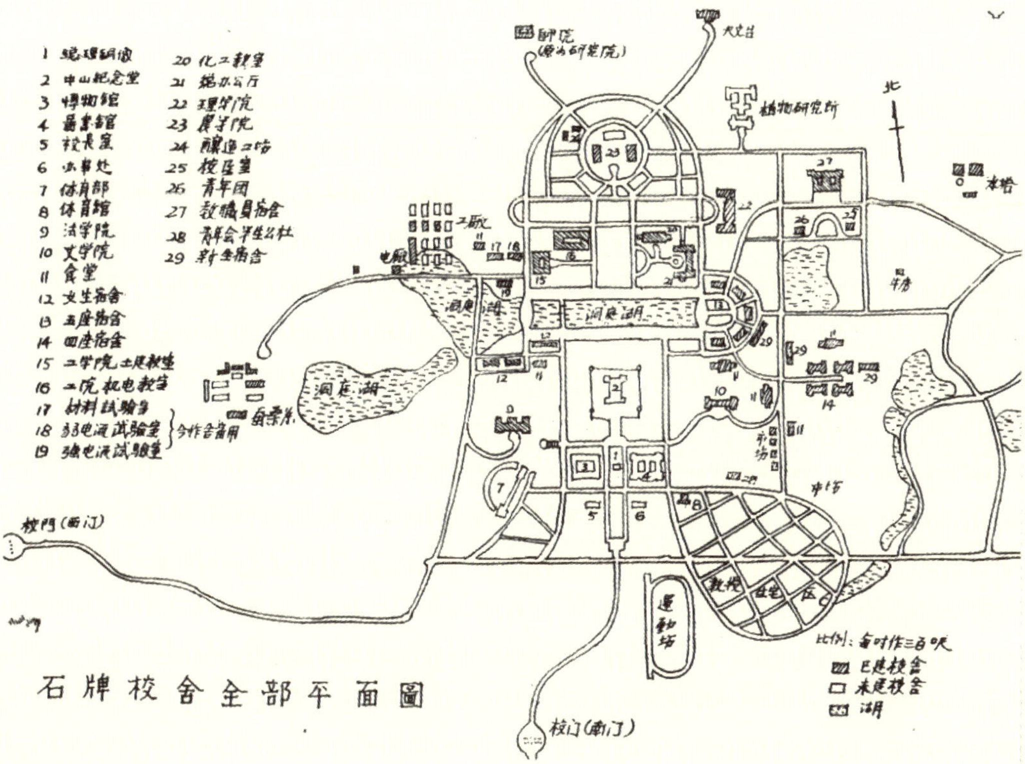

石牌校舍全部平面图

是石牌校区规划方案的确定，适逢“九一八事变”与“一二八事变”之间，外强入侵、国土沦丧，钟形设计旨在时时警醒国人爱国情怀；二是如邹鲁诗中云：“钟声嘹亮讲堂开，济济员生上课来。日不足时月计足，寸阴是惜勉乎哉。”借此阐述“钟标”在大学校园中的不可或缺，并时时提醒师生员工珍惜时光。

从校园的整体布局看，留学美国归来的杨锡宗借鉴了欧美近代大学学院派的规划体系，在整个石牌校园的规划设计中，“强调形式美与几何型构图，功能分区明确”，布局合理（见石牌新校全景图）。

校园内的建筑，大多采用了中国古代庑殿式[①]和歇山式[②]的建筑风格。在封建社会里，盖房用什么样的瓦件，什么形式的屋顶，都有严格的阶级高低之分。劳苦阶层只能使用布瓦（青瓦）盖房，亲王、世子、郡王能用绿琉璃瓦，只有皇室和庙宇才能使用黄色琉璃瓦。另外，劳苦阶层是不允许住庑殿和歇山式房屋的。因为屋顶结构也体现封建社会等级制度。重檐庑殿为尊，重檐歇山次之。然后迭次为单檐庑殿，单檐歇山和悬山，硬山式屋顶为最下。而石牌校区却广建重檐庑殿、重檐歇山式屋顶建筑，使用黄绿琉璃瓦件。这与燕京大学校舍灰砖黑瓦对比有明显的不同。它也反映了辛亥革命20多年后，“民主”与“共和”思想，平民意识对岭南社会经济、社会生活的流传与渗透，敢与封建礼教挑战，更具开放、开明的思想。

石牌校园的规划体现了鲜明的近代社会精神与社会意识，造就了独特的山水校园空间，是近代大学校园中规划实施及保存较完整的一所。1952年全国院系调整时，华南工学院（现华南理工大学）在中大石牌校址一部上组建。石牌校园留下来的老建筑物，现在我校校园里的共有40多幢，2002年被纳入广州市文物保护单位的就有近20处。今天所

①庑殿顶——庑殿顶又称四阿顶、五脊四坡式，又名五脊顶，前后两坡相交处是正脊，左右两坡有四条垂脊分别相交于正脊的一段。庑殿顶又分重檐庑殿顶和单檐庑殿顶。重檐庑殿顶庄重雄伟，是古代建筑屋顶的最高等级，多用于皇宫或寺观的主殿。

②歇山顶——歇山顶又称九坡顶，有一条正脊，四条垂脊，四条戗脊，由于其正脊两端到屋檐处中间折断了一次，分为垂脊和戗脊，好像“歇”了一歇，故名歇山顶。歇山顶结合了直线和斜线，在视觉效果上给人以棱角分明、结构清晰的感觉。歇山顶也分重檐歇山顶和单檐歇山顶。

石牌新校全景图

看到的那些老建筑，就是当时石牌校园建设时留给我们的，它不仅是物质的、更是精神的宝贵财富。

学校组建之后的60多年来，半个世纪前的校园规划至今仍在执行。在办学历史发展各阶段的校园规划建设中，批判地继承了原有校园规划思想。以陈伯齐、夏昌世、谭天宋等我校一批建筑设计与规划名家，所陆续提出的关于华南工学院校园整体规划，于1959年基本定型。这个规划提出：以学校大门所穿越的地理南北线，也就是历史上中大石牌校园的南北中轴线为基准，于东西两翼基本对称布置教学科研校舍，逐渐形成以2号楼为中心的，以3号楼、4号楼、5号楼、6号楼、7号楼、8号楼、9号楼、10号楼、11号楼、12号楼、13号楼、14号楼、15号楼、16号楼、图书馆，包括1960年就着手设计至1964年落成的1号楼东西两楼等楼辅之为主要教学区的格局 。

学校尊重校园原有规划特色，在建筑物安排方面秉承围绕校园中轴线，形成左右对称的格局，并注重与周边老建筑、人文景观的协调相处，尊重历史与经济实用的原则。在维护中建设，在建设中使新老建筑得以协调，使校园形成80年来校舍建筑轴性对称的总体风貌，符合历史建筑规划的脉络。特别是改革开放以来的30余年间，尤其20世纪90年代后至今，校园多处楼群拔地而立，生成多个副轴线对称的建筑群，但与上述所说的与中轴线保持对称的校园整体大格局，依旧存在。

经过60多年的建设，校园新增了许多建筑和景观：有比邻西湖的三星级宾馆西湖苑，也有极具岭南建筑特色、与东西湖形成浪漫的湖与楼美丽景观的逸夫人文馆；有与5号楼、6号楼、7号楼、8号楼、9号楼等老建筑协调，又不失现代使用功能的励吾科技楼，也有顺地势而建大气而有特色的1号楼与2号楼等等，新的工商实验大楼也正在建设中。今天的校园里还增加了一栋栋教工宿舍和学生宿舍，增加了一栋栋教学楼和实验大楼。这些建筑不仅为学校教学科研提供了较好的条件，也为原本美丽的校园增添了不少光彩。

现在的五山校区，校园规划、功能分区更加科学合理：中区为主体教学区，集中了学校绝大部分的行政办公、科研、教学以及生活等功能，是核心区域。东区和南区主要是配套完善的教工住宅区。西区主要是学生宿舍、生活区。北区现在是教学、生活综合区域。最终形成历史校园核心区、北区教育科研区、南区生活综合区的规划。校园里具有中国古代特色的老建筑与现代风格的新建筑交相辉映，错落有致，已成为绿树成荫、富有历史文化底蕴和现代人文气息的美丽校园。是广州市文化观光的标志性区域，也是我校师生、校友的精神家园。

2011年3月28日，由广州日报报业集团联合其他单位推出的新“广州好”百米长卷图系列活动，“五山中山大学旧址”，被入选新“广州好”100美景之一。

这么美丽而神奇的校园，来到广州，一定会有要游览一下的冲动。我们从五山路一路走来，首先看到的是石牌坊，再经现今学校南大门，开始游览湖光山色、绿树繁花的美丽校园，置身其中，别有一番情趣。当然，如果你手捧《华南理工大学人文建筑之旅》一书，在书中你可以沿着我们为你设计的东、西两条线路，同样可以从中领略校园的人文景观和现代建筑的风姿，还能学到不少新、老建筑方面的知识，了解校园建筑与人文景观的历史变迁和校园的历史沧桑。

东线：石牌坊—五山校区正门—图书馆—孙中山先生塑像—老体育馆—东区体育场—东区教授住宅群—何镜堂院士工作室—海丽文体中心—5号楼—东一至东五宿舍—民主广场—6号楼（建筑红楼）—7号楼—励吾科技楼—8号楼、9号楼—致远石—逸夫科学馆—湖滨路—老电话室—计算中心楼—31～34号楼—发电所—老校训石—北湖—贺兰山青砖堡—刘义亭。

西线：石牌坊—五山校区正门—麟鸿楼—交通大楼—启新亭—逸夫工程馆—12号楼—日晷仪—22号楼、23号楼—百步梯—1号楼—2号楼—泳池铭—《国立中山大学新校舍记》石碑—逸夫人文馆—西二、西三宿舍—西湖厅—西区综合体育场—东湖、西湖—湖中亭—金银岛—西湖苑—31～34号楼—发电所—北湖—老校训石—贺兰山青砖堡—刘义亭。

下面请跟着我们的脚步，开始我们的校园人文建筑之旅，在书中游览我们美丽的校园吧！

石牌坊

当你走在一些古老的村落或街道前，常能看到一座座高高耸立的牌楼。牌楼又叫牌坊，它是一种门洞式建筑艺术，也是反映人文精神的构筑物。过去的牌坊多建在庙宇、陵墓、祠堂或街道路口等，主要起标志、导向或观赏的作用，当然也有标榜功德、宣扬封建礼教的用意。古时有一定地位或功勋的人，皇帝会特许其府院门前立牌坊。

原中大石牌校区的正门和西门，各有一个牌坊。不知你是否留意到华南理工大学校徽中的牌坊图，图中牌坊即以正门牌坊为式样。由于城市建设的发展，正门牌坊现立于五山路与广园快速路立交旁边，也位于学校现正门之南，所以又叫它南门石牌坊。南门石牌坊由岭南近现代著名建筑师杨锡宗设计，用钢筋混凝土做骨架、12根冲天方柱双行排列。牌坊最高的地方约有11米，宽25.3米，柱顶用莲瓣图案装饰，6寸厚香港白花岗岩石做柱面；云板等构件则是用香港白石打制的。牌坊共分5个门，中间门宽约8米，东西两边厢门分别宽约5米和4米。南门石牌坊造型雄伟，结构匀称，给人豪放、流畅的感觉，它曾是进出学校的必经之地，也是华南理工大学校园最南端标志性的建筑，是人们心目中华南理工的重要标志之一。华南理工原校报编辑部主任杨和文盛赞此牌坊：

一坊巍立石牌村，廿万儿郎入此门。

数载熏陶成大器，风云际会校风存。

校门石牌坊——南校门

（1940年前拍摄）

现在的西门石牌坊

西门石牌坊位于东莞庄路与粤垦路交界处，分3个门，坐东朝西，为4柱3门的单挑冲天柱式样，用料与南门石牌坊一样，但牌楼体量不及南门石牌坊的一半，柱头最高处约9.3米，全坊宽约15.2米。由华侨林仕椿、区国良两人捐资建造，于1934年动工，1935年竣工。

2011年10月11日，《广州日报》刊登《网友微博呼吁保护中大老牌坊——位于东莞庄路　题字风化磨损严重》一文，呼吁加强保护，指的就是西门石牌坊。在高楼林立、交通繁忙的道路旁边，独立着的石牌坊，确实应该唤起人们对文物保护的意识。

南门石牌坊的南面横额上题写的是“国立中山大学”，北额题写的是“格致　诚正　修齐　治平”8个字；西门石牌坊的西额也题写了“国立中山大学”，东额则是“忠孝　仁爱　信义　和平”8个字，都是由当时的国立中山大学校长邹鲁题写的。南额校名，早在20世纪50年代中就曾被毛泽东书法“为人民服务”5个字覆盖过。到“文化大革命”初期的1966年9月上旬，旧校名改用水泥砂浆披覆后，南额用红漆写上了我们今天所看到的“为人民服务”几个字。2013

校门石牌坊——西校门（1935年拍摄）

年12月，对牌坊进行维修时，重新恢复了南额“国立中山大学”校名，并将“格致诚正　修齐　治平”8个字也描绘一新。西门石牌坊与南门石牌坊命运一样，所书写的“忠孝　仁爱　信义　和平”，也被认为是封建阶级礼教思想，同样遭到水泥砂浆覆盖，现一些文字只能依稀可辨。

2002年7月，两石牌坊均被列入广州市第六批文物保护单位。

南门石牌坊

五山校区正门

穿过南门石牌坊往前行，便可看到现今繁花似锦的正门前广场，华南理工大学校名镌刻在横卧于校门前广场的一块巨石上。这块长5米多、高约2米的巨大石头采自广东英德市山区。学校五山校区正门也就在眼前，正门也称南校门，上面标有“五山路381号”，是学校的门牌号。

很多人都不知道学校正门曾经历过由老到新的转变。老校门始建于1962年，由原有简易校门改建而成，是我校土木工程系李恩山老师设计的。看到旧校门照片上隐约留下的“团结紧张　严肃活泼”几个字，你就能感受到它曾经经历过的历史与沧桑。

新校门落成于2003年10月，由校建筑设计研究院何镜堂院士主持，与郑少鹏教授共同设计。新校门以6根乳白色方柱作为主体，中间各两根为一组，仍然分为主门和两侧门。新校门上面没有横梁连接，显得简约大方，构图恢宏大气，具有浓厚的时代特色，又传承了学校脚踏实地的务实作风，透射出学校更为开放包容的时代精神，成为校园新的人文景观之一。

2003年11月，新校门及南门广场以“黉门晨光”之名入选学校“校园十景”，原校报编辑部主任杨和文为此还写下五绝诗一首：

名校岭南旗，黉门隐大师。
园中桃李茂，博学创神奇。

老南校门，曾作为建筑小品收入1980年中国建筑工业出版社出版的《建筑小品实录》一书中

南校门（1989年拍摄）

南非品种“刺木棉树”点缀校门

图书馆

跨进学校正门你便进入了美丽的华园，正门东侧，一栋4层高的建筑即映入你的眼帘，正门上方写有“图书馆”3个字，这就是华南理工大学五山校区的图书馆，它也是在原中大图书馆总馆基础上，后经过多次续建和扩建而成的图书馆。下面从图书馆开始我们校园的东线之旅吧！

原国立中山大学图书馆总馆工程由著名图书馆学专家、国立中山大学图书馆主任杜定友教授主持，岭南近现代著名建筑设计师杨锡宗设计。原设计为3层半仿中国古典式建筑，能藏书80万册。1936年11月动工，当时预计1937年秋建成，后因全国抗战爆发而停工，当时仅完成了首层楼面的混凝土工程。1949年10月广州解放，1951年由岭南近现代著名建筑设计师夏昌世教授主持，中山大学在原基础上修改续建。1952年华南工学院组建之后，在此基础上又续建，直到1954年5月竣工验收，全部工程改建面积为8 842.4平方米。

老图书馆从动工到竣工，建了18年，历经新旧两个社会，见证了历史沧桑。它以其简朴大方的外形，紧凑的布局，良好的使用功能成为学校组建初期的美景之一，曾作为“我国基本建设方面伟大成就的一个缩影”，于1959年被国家建筑部建筑科学研究院主编的中华人民共和国《建筑十年》画册收录。

扩建筑后的老图书馆正门

老图书馆（1960年拍摄）

图书馆全景

1987年6月，由于学校发展的需要，对老图书馆进行扩建，1991年11月3日扩建竣工。扩建后全馆建筑面积达24 268.8平方米，老馆以新貌大步跨入20世纪90年代。扩建后的图书馆，正门朝向从南改向西，面向主轴线，与麟鸿楼相对应，服从了校园建筑规划总格局。扩建部分，曾获1993年度国家教委优秀工程设计表扬奖第二名。

1995年底，由广州美院院长兼雕塑系系主任梁明诚创作的玻璃钢造型“向上”立在楼前广场。该雕塑形似水滴，男、女生影像跃动其间，比喻学生在图书馆的知识海洋里吸取科学文化的养分；它又像一束火苗，召唤同学们学有所成，走出校门建功立业。

2009年12月17日，由校工商管理学院2007级EMBA(2)班校友共同出资捐赠的一对石狮子，现也安放在图书馆大门两侧，以表他们对母校教育的感激之情。

2014年初开始，学校对图书馆正进行全面修缮。

正面

背面

玻璃钢造型“向上”

孙中山先生塑像

从图书馆往前就可看到在绿树丛中矗立着的孙中山先生塑像。提到孙中山这个名字，每个人都应该熟悉，他是我国近代伟大的民主革命家，曾组织反清起义，创立三民主义；推翻封建帝制，创建中华民国；组织反袁护法；改组国民党，实行“联俄、联共、扶助农工”三大政策。

孙中山作为我国民主革命的先行者，国内以“中山”“孙文”名字命名的街道或公园不在少数。国立中山大学原名国立广东大学，后来也是为纪念孙中山先生更名为国立中山大学。但在广场安置孙中山先生塑像的则没有多少，立在高校校园的则更少，在广东大概也只有华南理工大学、中山大学和广东外语外贸大学几所高校而已。

作为学校历史文化的一部分，华南理工校园先后放置过两尊孙中山先生塑像：第一尊塑像还是在国立中山大学时期，1931年由日本友人梅屋庄吉赠送的，1933年被安放在现塑像所在地。该塑像是铜质的，高3.6米，重7吨，因此，塑像所在地过去也被称作铜像广场。在解放战争时期，孙中山先生塑像及铜像广场，曾是进步学生激发斗志，谈理想、表心迹的场所。从当年学生运动参加者之一、化学系的章日荣老师晚年写的诗：“长夜将明南粤天，残存魔怪难蹁跹。中山铜像岿然立，待与骄阳共团圆。”就体现了当时师生在铜像广场活动的情景。

1954年，该铜像迁往广州中山纪念堂，1958年11月又从中山纪念堂转迁到中山大学的康乐村新校园。

1958年第一尊孙中山铜像迁到中山大学校园后，中山纪念堂重新安放了一尊混凝土塑像。它是国内首尊室外钢筋混凝土结构的孙中山塑像，塑像高5.5米，重约8.7吨，由中国著名雕塑家尹积昌、廖家福等人于1958年9月创作完成，曾被评为1987年全国首届城市雕塑优秀奖。2012年12月12日《广州日报》刊登的《竹架上雕出中山像》，文章内容就是该混凝土塑像的主创人之一、长期旅居美国、82岁高龄的廖家福先生，回忆当时的创作经过，以及在当时设施设备简陋情况下创作的艰辛。

1998年，广州中山纪念堂又新安置孙中山先生铜像，学校得知情况后，与相关部门争取将替换下来的混凝土塑像放在学校原孙中山先生塑像所在地，广州市政府于12月正式将该混凝土塑像赠给我校。现在校园里我们所看到的孙中山先生塑像即是该混凝土塑像，这也是华南理工校园安放的第二尊孙中山先生塑像。它虽不是铜质的，但仍具有很高的历史文化价值。

2003年11月，孙中山先生塑像以“伟人风采”之名入选我校“校园十景”，原校报编辑部主任杨和文为此诵五绝诗一首以抒怀：

伟人高耸立，浩气贯华园。
巨像千秋仰，精神励后贤。

校园室外首尊中山塑像

老体育馆

从中山像往东走，在学校游泳池旁有一幢颇具特色的老建筑——老体育馆，它也是原国立中山大学体育用馆。2002年7月，该馆也被列入广州市第六批文物保护单位。

老体育馆是一幢框架结构的中外混合式建筑，由岭南近现代著名建筑师关以舟、余清江设计，广州德联建筑公司承建。工程于1936年6月动工，1937年9月竣工，建筑面积为2 905.4平方米。楼前正门门额上“体育馆”三个字也是时任国立中山大学校长邹鲁所题写。作为大跨度公共建筑，全馆分为前后两部分：前一部分为体育馆两层辅助用房，后一部分为一层约900平方米、铺设了柚木地板的室内运动场。

（1937年拍摄）

（1947年拍摄）

看到这栋很有特色的建筑，是否也激发了你想了解老建筑历史的兴致？老体育馆既有西方古典建筑风韵，如西式平顶，立面采用西方古典建筑常见的檐、墙、勒角竖三段分法和横三法；又融合了中国传统建筑特色，如女儿墙、檐部分采用了中国传统的如意纹和回纹图案；在檐壁、门廊等地方又添加了传统民族风格的线脚、浮雕或彩绘纹样等装饰构件。

这幢老建筑不仅建筑上独具特色，还有着深厚的革命历史意义。由于直到抗日战争爆发，国立中山大学礼堂也没有建成，抗战胜利后，这里就成为唯一可以作为集会的场所，当时也作为文艺节目演出的地方。在解放战争中后期，体育馆见证了国立中山大学进步学生在地下党的领导下，在这里与国民党反动派面对面斗争的情景，以及许多宣传动员群众的场面。

2001年之前，老体育馆前半部一直是学校体育教研室用房，后来逐渐成为学校机关办公场所，体育馆的体育色彩也慢慢褪尽。

老体育馆几经翻修，提高了屋顶防漏水能力，改善了通风降温条件，现在后半部配备的780多张舒适座椅，是中小型集会的场所，也是师生们周末看电影的好去处。

2012—2013年，学校利用教育部专项维修资金，对体育馆再次进行了修缮。对老建筑的修缮，都是遵行修旧如旧的原则，保留原貌，所以不了解的人还不知它是刚刚维修过的呢。

东区体育场

在老体育馆的右前方，学校南校门东南侧，远远望去就可看到红绿相间、现代标准的东区体育场。

此处原为国立中山大学石牌校区的主运动场，当时称“大运动场”，早在1935年9月就开建，1936年3月完工。但没用多久，1938年10月后，国立中山大学石牌校区被日寇霸占6年多。直到1945年10月，师生迁回学校时，只见包括这个大运动场在内的“原有体育场所，破烂不堪，不能应用”。

1952年10月，华南工学院在此组建后，场地得到了进一步维修和保护。尽管我们今天所看到的东区体育场与新建的西区体育场相比，已经落后了，但东区体育场在1995年建成时，在当时的广州地区高校中是第一个设施齐全、硬件一流、符合国际标准的体育场。1994年12月，学校利用与广东省教育厅共同承办“ '95广州——亚洲大学生田径邀

1955年学校在东区体育场举行运动会

20世纪90年代学校田径运动会开幕式

请赛”之机，运用社会资金，耗资1 000余万元，在原有基础上，于1995年11月改建而成设施先进的体育场，时任广东省省长朱森林还为新改建的体育场题写了场名。

新建后的东区体育场用地面积5 262.7平方米，拥有400米塑胶跑道、草地足球场以及4 000多座位的看台。该场于1995年11月23日投入使用，来自亚洲8个国家和地区的33所高校近400名运动员在此参加了比赛，我校学子在此次比赛中，取得了男女团体总分第一的好成绩。

学校自组建以来，每年一度的学生、教工体育运动会，以及近十多年来每年一度的广东省高校理工类毕业生就业供需见面会，多在东区体育场进行，每逢盛会，东区体育场上空彩旗飘扬，人群涌动，热闹非凡，成为青春搏击和人才交流的中心。

教授住宅（1937年拍摄）

辽河路24号（1947年拍摄）

东区教授住宅群

走进树木成林、郁郁葱葱的学校教工住宅东区，有一幢幢二至三层高，虽然有些旧但仍有几分别墅式样的房子，这就是当年国立中山大学石牌办学时期成片建造的教授住宅。这些教授住宅在东区比较集中，所以我们把它们称作教授住宅群。

教授住宅群分为甲、乙、丙、丁、己、戊等6种规格共有46间，于1936年5月起陆续建造，到1937年10月，以上住宅先后建成，分别由岭南近现代著名建筑设计师杨锡宗、林克明、方棣棠、郑校之等主持设计，广州仙记、锡源及德联等建筑公司建造。东区教授住宅群从外形上看，具有20世纪30年代小住宅特征，从造型、建筑材料的颜色、纹理、质地、结构、装修上都具有鲜明的特点。有单层坡顶、单层4坡顶、3层平顶现代主义风格住宅等种类，部分住宅门前有门廊。总体看，建筑轮廓清晰，体形明快，搭配考究，精致小巧，整个建筑群显得高贵、雅致、生动，充分体现了建筑设计师们追求建筑与周围环境和谐统一的建筑思想，既表现了砖石建筑的特征，又反映了当时向现代派建筑发展的趋势。

与当时其他许多建筑一样，东区教授住宅群建成没多久，1938年10月广州沦陷，学校迁走。学校所有教育设施与环境，被日本铁蹄践踏；教授住宅群也仅入住一两年，就被日寇霸占。到1945年日本投降后，师生重返校园时，当年新建的住宅多已户破堂危，面目全非了。

解放战争后期，深受社会政治腐败与经济生活困扰的教师们，盼望建立新的中国、新的生活，地下党借此在他们中广泛开展统战工作，住在教授住宅群里的教授们成为他们争取的重要对象，发展了一批“新教协”成员，从而壮大了进步力量。当时住九一八路24号的龙庆忠等就是“新教协”成员。一批进步教授、学者抛头露面，配合地下党和革命学生参与了营救被捕师生的行动，一起迎接新中国的诞生。

这片住宅群历经近80年的风风雨雨，现仅存10余栋。部分住宅出现了结构老化，有的宅内门窗、间隔等构筑物以及地面等，因维修或改造，原貌有所变化，但总体看来保存还算完好，其风貌相对从前没有发生较大变化，仍具有一定的历史文化价值。

近30多年，这批掩映在浓荫下的老式住宅建筑群，由于它的建筑特色和历史文化价值，常被建筑学专业低年级学生作为野外写生、临摹的对象。

2002年7月，该教授住宅群也被列入广州市第六批文物保护单位。

辽河路24号（2011年拍摄）

九一八路28号（2011年拍摄）

九一八路24号，三层平顶，现代主义风格住宅建筑，结构尚好，建筑外观有所改变（2011年拍摄）

九一八路20号（2011年拍摄）

九一八路18号，现代主义风格住宅群，结构尚好，建筑外貌变化小（2011年拍摄）

何镜堂院士工作室

在东区教授住宅群中，大多日久欠修，存在安全隐患，也空置了十多年。为有效利用现有资源、改善周边环境，使学校的固定资产保值增值，学校对该地块做了整体规划，综合修缮旧有建筑。

大概从2004年开始到2011年，学校将原有旧建筑分三期进行修缮改造，更新功能。包括松花江路14号、18号、20号、30-31号、32-33号、34-35号、36-37号等，完工面积超过1 200平方米。何镜堂院士的工作室也就是这样产生的。工作室设创作研究室、资料室、讨论室、小型多功能厅、学术成果展览室、建筑科学实验室、博士后及访问学者研究室、模型室、材料室等功能用房。

这个工作室见证了一大批优秀建筑设计方案的诞生。侵华日军南京大屠杀遇难同胞纪念馆扩建工程、2010上海世博会中国馆、钱学森纪念馆等众多大型博览建筑，都在这里被赋予最初的形象，再经反复雕琢、升华为精品。

目前，这个没挂牌的“何镜堂院士工作室”是校内最美丽和最具活力的特色空间之一。

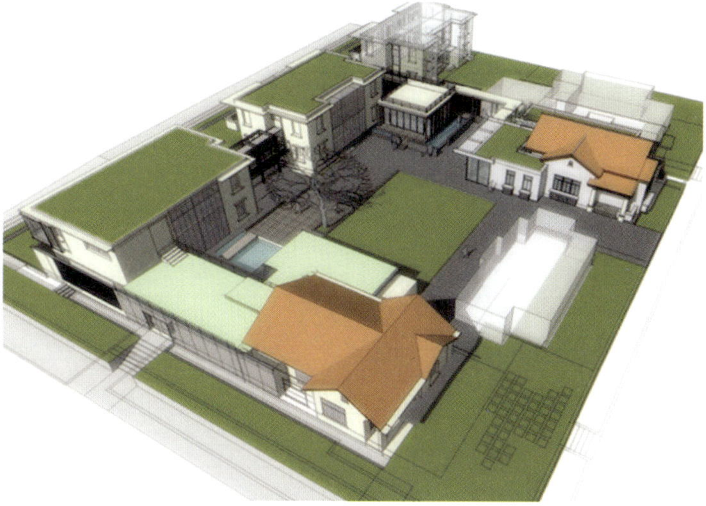

海丽文体中心

位于老体育馆北面，有一幢十分有特色的圆形建筑，它就是学校的文化体育中心，简称“文体中心”。

该中心是在1959年已有的60米大跨度砖薄壳体育馆基础工程上，修改设计兴建的。由校建筑设计研究院马威、李少云主持设计。文体中心建筑为框架结构，建筑面积为5 539.6平方米，以香港校友会捐赠的100万元港币、其他校友捐款与我校自筹资金共1 592.8万元建造。于1994年11月建成。

它的主入口朝西，面向1号楼的大广场；学生活动用房集中在西和西南方向；观众

文体中心一角

座席大概有2 475个，可容纳近5 000人；多功能大厅的东和北两个方向的看台，直接按地势的高低，铺在逐渐高起的坡地上。文体中心建造时采用了当时国内独一无二的斜拉索钢筋混凝土环桥结构体系，主体由3道环梁、32条拉索构成，为旋合式结构。整体建筑空间跨度达54米，这种以结构选型为基础，通过结构体系表现建筑造型的特色，成为该建筑的一大亮点。

文体中心建筑轴线垂直于校园中轴线，同时与5号楼及体育馆三点一线，形成一条与中轴线相平行的副轴线，从而使五山校区早期教学中心区的布局更加平衡完整，是五山校区建筑群较为重要的成员。它既尊重原有规划环境，又和早期教学中心区有机结合为一个整体。它的建成，为学校师生进行室内文体活动提供了便利。

1998年5月，文体中心因为它的建筑特色，被教育部评为优秀建筑设计三等奖。

2012—2013年文体中心有过规模较大的修缮。当中，学校在2012年11月接受校友张海明、蔡丽伉俪对这项修缮工程3 000万元人民币的专项捐赠，这个中心因而被冠名为“海丽文体中心”。

5号楼

从文体中心向衡山上走去，在衡山之巅，一幢独具特色的20世纪30年代的老建筑映入你的眼帘，它就是我校五山校区的5号楼，也是原国立中山大学的文学院大楼。它与百步梯上的12号楼，即国立中山大学法学院大楼遥相呼应，一左一右，体现了旧时代的“左辅青龙山、右弼白虎山”的规划建筑思想。5号楼具有20世纪30年代早期岭南建筑流派的现代风格，又是中外混合式建筑风格的杰出代表作之一，也是广州市政府2002年7月公布的第六批文物保护单位之一。

这座红墙绿瓦、古香古色的5号楼，是由岭南近现代著名建筑师郑校之设计，广州大来建筑公司承建。于1934年10月动工兴建，1935年11月建成，楼的建筑面积3 530.9平方米。全楼框架结构，仿中国古典建筑，采用钢筋混凝土仿木构大屋顶，绿琉璃瓦绿屋脊，红墙钢腹窗，而非传统的青砖木窗。主体部分高3层，两翼为2层平顶，出小挑檐。全楼由台基、柱梁构架、屋顶3部分构筑。5号楼的屋脊上不置仙人走兽，而是设置了凤鸟和鸟翅在上面，这也是5号楼与学校其他老建筑的不同之处。全楼外墙所用条砖都经过砍磨加工处理，使墙面光洁、细腻与平整。除12号楼即法学院外墙装饰也用了这一手法之外，校园内其他老建筑物外墙再没见用这种装饰法。同时，5号楼以红砖铺砌出赏心悦目的3款53个拼花图案，以求得外立面整齐与丰富的视觉效果。

再看看文学院楼前两层的门廊，正门4根大棱柱独具西式风格。如果你再仔细看的话，可以看见4棱柱上端，绕柱勾画有山炮和单、双翼活塞螺旋桨样式的飞机、航空炸弹等武器的轮廓。它也反映了自辛亥革命以来许多知识界人士与社会民众，呼吁教育、

稍不留神，这款山炮、飞机与航空炸弹的彩绘就从眼皮下一掠而过

5号楼层脊不置仙人与走兽，却放凤鸟与6柄一组鸟羽翅随后，古法规定走兽数目须为单数，此处却是双数鸟羽毛。但顺着垂脊望去，3只雏鸟正蹒跚趋向母鸟，脊上琉璃瓦件仍是单数，合乎旧规：除京都皇宫太和殿可以用满10个走兽外，其他建筑最多只能用9个。盖古代以奇数为阳，偶数为阴。阳数以9为尊。5号楼建筑设计者与传统开了个善意的玩笑

科技与工业救国的热切心声，以及当时中大谋求创设兵器、火药、航空及造船等学科与工程系的夙愿。

看到5号楼棱柱上武器的勾画，表明5号楼不仅建筑特色令人赞叹，它更是革命历史的见证。5号楼经霜几十年，恰似一幅革命历史画卷，与校园内同时代其他建筑相比，更深刻地见证了过去的社会风云。

“人字纹”拼装图

卢沟桥事变前，国立中山大学的爱国师生喜欢在5号楼做宣传救亡、动员群众工作。广州沦陷前的国立中山大学石牌校区，是社会公认的抗日救亡之地，文学院又是重要场所之一。

石牌校区日益高涨的学生抗日救亡运动，连同文学院在内的新建筑，都被当时社会各方所关注。有地方党政军阶层以及侨胞、民众利用周末闲暇扶老携幼前来游观，或感受御侮图强气氛的；也有政府高层乃至外国人前来探访的，如时任国民政府军委会政治部第三厅厅长的郭沫若就到石牌校区各处参观过。八路军驻香港办事处负责人兼领导八路军驻穗办事处的中共代表廖承志与潘汉年，陪同茅盾、夏衍及司徒慧敏等一行文化人也游历过石牌校园。

1938年10月广州沦陷后，日本侵略者占领校园。1941年9月，日本派遣军军部改驻国立中山大学石牌校区的文学院。楼前原先绿草如茵的地坪，被日军整为军部人马进出的大道。楼前设有岗哨，有日本士兵把守，一派森严景象。

楼前西向墙上，“十字缝”“席纹”与“人字纹”三种纹理相交织的拼花图

（20世纪90年代拍摄）

广州沦陷前，日本侵略者对广州地区进行了近两年的猛轰滥炸，唯独没有真正轰炸过石牌校区建筑。日军不炸石牌校园的建筑，沦陷后，又霸占、驻军部在此，既有在精神上、气势上压服中国人的企图，也暴露其恣睢坐享、挥霍中国人民建筑成果的殖民主义嘴脸。

1945年8月19日后，国民党军委广州军事特派员公署，派交通员冒险潜入日军把守依旧森严的国立中山大学石牌校园，向龟缩在校园的日本驻华南派遣军、第二十三军末任日军首领田中久一中将递交敦促投降的指令。8月31日，国民党政府军正式收复广州。

1946年10月15日，当国立中山大学复迁广州时，“战后校区疮痍满目”，“所有校舍战时多被殁于敌伪，虽楼舍未圮，然门窗一空，器物俱无”，“原有家具及水电设备，几荡然无存，房舍多受毁坏或夷平”，“所余者仅为不能毁坏之躯壳而已”。因“四壁肃然，校具一空，同学俱席地听讲”。学校给每个学生发放一张小板凳，随身带着到课室上课。

从日寇手中收复后的文学院，地下党用它继续组织与积聚进步力量，开辟反对国民党反动派的第二个战场。

1946年3月，校内学生运动统一组织——各系联合会（简称“系联”）正式成立。以公开合法斗争为主，经济斗争与政治斗争相结合、合法斗争与非法斗争相结合、公开合法斗争与秘密斗争方式交替运用的组织——中山大学学生工作委员会即设在5号楼的三楼。

（1949 年拍摄）

中大地下党通过地下学联骨干，加强对各公开合法社团的活动，广泛团结学生，参加社团的学生占学生数的近80%，成为全市学生运动的堡垒。所以，一般人称石牌校园为“解放区”。因历次学运联络处都在文学院，故文学院三楼又被誉为中大的“红楼”。校园成为广州解放领导机关运筹帷幄、创建广东省与广州市人民新政权的秘密工作地之一。直到广州解放时，中山大学地下党及地下学联仍有上百人坚守在中山大学。

1952年我校在此组建时，文学院归我校使用，称5号楼。5号楼岿巍壮丽，问世至今80年，非比寻常的历史积淀，曾吸引无数师生、校友为之吟唱、驻足流连。当年有人赞许道：文学院“与西面建筑法学院遥遥相峙”，“地方宏敞，光线充足，远眺则岗峦起伏，气象万千，近观则林木苍葱，景色宜人，诚属佳境”。

“明志”石

现在5号楼前有一形态奇特的陨石，上镂刻“明志”两字，为广西校友选自柳州送给母校的赠品。它为5号楼增色不少。抚今追昔，我们要倍加珍惜今天和平安定的学习与生活。

2012年至2013年，学校利用教育部专项维修资金，对5号楼进行了保护性修缮。

同期校内其他建筑的正门门洞中规中矩，而此处却是以简练的花纹整饰一番

东一至东五宿舍

参观完5号楼，我们沿着半山东路，来到衡山北侧，便可看到五座三层楼高的老式建筑，它们就是国立中山大学时期的“五座宿舍”。国立中山大学在石牌办学时期，传统的男生宿舍有9栋，其中的5栋即东一至东五宿舍群，又称“五座宿舍”，有时也称“五座楼”。

东一至东五宿舍，位于我校五山校区校园中轴线之东，面朝绿波荡漾、景色迷人的东湖。由岭南近现代著名建筑师杨锡宗设计，广州大来建筑公司承建，均为框架结构，每一栋的建筑面积约1 600平方米。

国立中山大学在建造五座宿舍时，因广西国民政府黄旭初，第四集团军李宗仁、白崇禧总司令共捐资6万元毫洋；华侨陈中孚认捐5万元毫洋；华侨、广东博彩业巨富霍芝庭捐6万元毫洋（1毫洋折合当时国币0.8元），为嘉许以上捐资者，故将第一、二、五宿舍各以“广西”“中孚”“芝庭”冠名。

东三宿舍的小阳台（2011年拍摄）

东四宿舍（原中大中孚宿舍，1934年拍摄）

其中，中孚楼直至竣工，陈氏所认捐款项始终未到账。抗战期间他成为国民党特工人员，在汪伪政权中作汪精卫的反对派。一方面支持日本人内部的反汪派，另一方面阻挠和破坏汪组织伪政权。

以上三项工程于1933年10月陆续动工，1934年9月竣工；其他的于1934年10月动工，1935年10月竣工。当年五座宿舍是按逆时针排序，从1947年10月起，改楼号自北向南顺时针排序：以芝庭楼为一，广西楼为五。1952年10月华南工学院组建后，同样按顺时针依次更名为东一至东五，仍为男生宿舍。

五座宿舍以扇形组合环拥东湖之东，各楼外形的长宽与高低比例表面上看基本一致，成序列地排布，给人以雄伟挺拔之感，气势颇为壮观，但每栋楼的细处装饰风格不一、略有差异，似乎反映出当年设计师的理念是希望学生在此能“潜心读书”。

宿舍群在设计上充分体现了中西混合式建筑风格，均为内廊式平面布局，主体3层平顶屋，外墙用清水红砖砌面，飘檐配绿色琉璃瓦，建筑转角处做了别致的三叠线脚，门口、顶层、女儿墙等细处做了传统的点缀。

所不同的是，分立两边的二、四和一、五宿舍在三楼窗外设置了遮阳篷，顶层设有小翘檐；位居中间的三舍则没有遮阳篷，却在三楼外墙中间设置了外贴如意花纹瓷砖的

东五宿舍（原中大广西宿舍）捐资刻石："广西省政府第四集团军捐资建筑"。岁月留痕，惜字迹已模糊

别致小阳台，顶层柱面直接用如意花纹瓷砖修饰，显得与众不同；而分立两头的一、五宿舍则依地势配上麻石梯级，更具岭南建筑风韵。

五座宿舍见证了解放前发生在楼前的许多大事件，留下了不少历史记忆。

1937年"七七事变"前，爱国学生曾在楼前抒发抗战心声。

1938—1945年5月广州沦陷时期为日寇所踞。

1945年抗战胜利后，它又成为被解除武装等待遣返的日军俘虏营地之一，并成为当时看押日军俘虏的国民党政府军的驻扎地。

在解放战争期间，五座宿舍成了进步学生开辟打倒蒋介石反动政权第二条战线的一个战场。当时，进步学生在宿舍楼前被称为"民主墙"的地方，张贴学生进步社团探讨时局与学习生活内容的刊物、壁报与宣传标语，与敌人展开激烈的较量。

1952年华南工学院组建初期，东一宿舍所住多为电讯与化工系学生，东三宿舍多为土木系学生，东四宿舍多为机械系学生，东五宿舍多为建筑系学生。1958年之后，机械与化工类男生逐渐迁往其他地方，五栋宿舍中除东一宿舍外，都为电讯、土木、建筑等3类专业的男生宿舍。

2002年7月，该宿舍群被列入广州市第六批文物保护单位。

2005年11月，学校决定五座宿舍改由校建筑设计研究院使用。东三最先被置换，不再有学生入住，其余的也已在2008年暑期后空置，并于2009年4月起做较大规模的修缮。2010年8月起，陆续为校建筑设计研究院所使用。

东五男生宿舍（原中大广西宿舍）（2011年拍摄）

民主广场（1947年前拍摄）

民主广场

东一至东五宿舍楼所围成的半圆形空地，在新中国成立前夕的一段时间里被称为“五座宿舍广场”，多叫作“民主广场”，也曾有段时间改称“五一广场”。

新中国成立前，地下党领导的进步力量与校内国民党三青团（即“三民主义青年团”）反动势力，曾就民主广场、学生会以及各学院饭堂等群众运动“阵地”的主导权，有过激烈的较量，并最终获胜。这里，多次召开过由地下党组织或领导的，以学生临时工委会名义召集的学生大会。

1949年4月14日前后的数天里，每日黄昏时有几十、上百乃至数百学生及部分教师聚集于此进行“黄昏大合唱”：《山那边好地方》《团结就是力量》《你是灯塔》《你这个坏东西》等歌曲，抒发师生对旧社会的痛恨和对新中国的期待。

民主广场和五座宿舍还是震惊广州的“七二三”事件的历史见证地。1949年7月23日，国民党特务逮捕国立中山大学进步学生的情景，至今已过去了60多年，但仍令人难以忘怀。

2010年修建的东湖广场（2011年拍摄）

1949年7月23日半夜，国民党广州市警备司令部派出1 000多名便衣特务和军警突袭校园，封锁包括五座宿舍在内的所有男女生宿舍及教职员住宅区。第二天零时开始搜捕，按“黑名单”拘捕了129人。天亮后，荷枪实弹的便衣特务和军警押着一批批被捕的师生员工，从校内四处往五座宿舍后面的教职员宿舍集中，午后押上停在五座宿舍前的军警车，经湖滨路拉走。这一暴行引起全校师生的愤慨。中共广州地下党组织发动师生开展救援斗争，呼吁社会谴责和营救。国民党广州市政府在社会舆论的压力下，至广州解放前夕的1949年10月12日止，不得不分批释放完所有被捕者。

斗转星移，昔日的民主广场，后改建成学生课余运动场。1985年5月3日，当年中大学生运动的老前辈160余人，在参加广州市召开的解放战争广州青运史征集会后，集体来到石牌校区，重访昔日战场，共同回忆曾发生在这里的那一段触目惊心、难以忘怀的事件。

此后的25年间，到了地下学联逢五逢十成立纪念年，中共广州市委、市人大常委会、共青团广州市委，会同当年亲历者集队，回到石牌与我校师生一同集会纪念这一爱国学生运动。

2010年7月8日，由校建筑设计研究院出资兴建，将它改造为“东湖东广场”的一部分。新广场以“完璧归赵”典故中的“和氏璧”为设计主题，进行整体构思，以圆形广场寓意和谐团结，使它形成东湖东广场，与逸夫人文馆组成东西横轴，与中山像、励吾科技楼的南北中轴共同构成完整的校园景观。如今的民主广场中心，建起了一个圆形音乐喷泉池，四周种有椰子树，树下放置了联排木条长凳，可供游人坐下观赏和歇息。每逢节日，随着音乐声响喷泉忽高忽低喷起，水雾飘洒着四周，给游人带来丝丝凉意，不失为校园景色的一大亮点。

6号楼（建筑红楼）

从民主广场向宽阔的湖滨北路走去，几栋红墙绿瓦的老建筑一定会吸引你的眼光，其中之一就是6号楼。它坐东向西，位于校园中轴线之东、庐山路的东侧，也就是现在的励吾科技楼的东侧。1958年华南工学院组建初期，当时的院党委第一书记张进为其题写楼额 “建筑红楼”。从此，6号楼又称建筑红楼。

该楼由岭南近现代著名建筑师杨锡宗设计，广州宏益建筑公司承建，工程于1933年3月动工，1934年8月初竣工，建筑面积2 363.2平方米。全楼高2层，框架结构，形式美观优雅，平面呈“ ⊓ ”形，仿中国古典建筑风格。正门被门柱分割为两扇对称的长方形左、右门，也起到了对原近似正方形出入口的“瘦身”作用；其灵秀轮廓与正立面墙身的红圆巨柱，形成了视觉对比。

6号楼门前台阶栏杆为钢筋混凝土结构，外有一圆形花坛，花坛里种植有铁树，周边也是绿树成荫。钢筋混凝土仿木构大屋顶，绿琉璃瓦黄屋脊红墙钢窗，琉璃彩画装

6号楼（建筑红楼）（1934年前拍摄）

饰，须弥座基座；南北两侧翼歇山顶，中间主体部分为两坡顶；意大利水磨石红圆柱两层通高，向内为一圈回廊。

该楼原是国立中山大学理学院化学系使用，从1935年夏开始至1938年10月广州沦陷前改为工学院化工教室。1945年抗战胜利后又改为国立中山大学总办公厅。

回想当年的情景，国立中山大学一系列学生爱国民主运动，都曾在6号楼前发生。

1952年10月华南工学院组建后，该楼曾一度用作图书馆及学校办公场所。不久，转归建筑学系使用至今，现为华南理工大学建筑学院教学和科研办公用房。

2002年7月，该楼被列入广州市第六批文物保护单位。2003年11月，6号楼以“红楼映翠”之名入选我校“校园十景”。我校原校报编辑部主任杨和文赋五绝诗一首诵建筑红楼：

红楼巨匠多，杰筑布山河。

弟子高标立，域中夸楷模。

1992年华南理工大学校庆40周年前夕，由广州美术学院雕塑系的李汉仪与我校建筑设计研究院陈少熙共同创作的红砂岩雕塑——“建筑师的眼睛”，放置在庐山路东侧斜坡草坪中。而此地为建筑设计研究院、建筑学系与土木工程系师生途经之处，自然和谐、寓意深远。

建筑师的眼睛

这尊雕塑匠心独具，它拟人脸庞眼眶里，分别刻画有中国古建筑斗拱与欧洲古罗马建筑柱头的影像。不难想象，它寓意建筑学人应当秉持古为今用、洋为中用、中西结合的基本建筑思想，迸发智慧与灵感，创造出更多更好的建筑成果。

7号楼

在6号楼北侧的7号楼，它坐北向南，位于校园中轴线之东、庐山路的北端。

该楼由岭南近现代著名建筑师、建筑教育家林克明设计，广州合泰建筑公司承建，工程于1934年10月动工，1935年9月竣工，建筑面积2 338.1平方米。

7号楼建成后至1938年10月广州沦陷前，为国立中山大学理学院化学系用楼，抗战胜利后转作该校工学院化学工程教室，现为我校土木与交通学院的土木系用楼。

全楼高2层，框架结构，仿中国古典建筑风格，钢筋混凝土仿木构大屋顶，绿琉璃瓦黄屋脊红墙钢窗，中间主体建筑单檐庑殿顶，两侧亦为庑殿殿顶，比中间低。这种屋顶处理，使一主二次的屋顶形成艺术构图。该楼首层作基座处理，用花岗石砌筑，月台及石阶两侧栏杆望柱，均刻有云纹、松鹤图案，色调和谐、古雅，风貌庄严。室内装修也很讲究，柚木门，室内地面为红色水磨石米批荡。解放战争期间，该楼也是进步学生活动场所之一。

至于楼前玻璃钢质地、形似合瓣花冠造型的“孕育”雕塑，意为培育日后播迁远递、撒向四方的花籽儿——学生，早日发芽，长大成才。它为广州美术学院雕塑系的李汉仪所创作，由中山大学化工校友会的叶志雄、周尧铨与黄景文等于1991年11月捐资建造。该校友会成员以1952年以前入学的该校化工系毕业生为主。

2002年7月，该楼被列入广州市第六批文物保护单位。2012年，在教育部专项修缮经费支持下，该楼经过认真彻底的修葺，容颜更艳。

“孕育”雕塑

7号楼（1935年拍摄）

励吾楼晨景（2015年4月拍摄）

励吾科技楼

在6号、7号楼等老建筑旁边，有一栋目前学校最高的，又带有一点古典风韵的现代建筑，它就是我校的励吾科技楼。

励吾科技楼位于五山校区校园中轴线之末、湖滨北路北侧，由学校投资5 300万元，建筑学系56级校友、香港著名实业家蔡建中先生与夫人罗爱梅校友捐赠1 000万元港币共同兴建。该楼以蔡建中的父亲蔡励吾的名字冠名。

此地负阴抱阳，楼前地势平坦。为营造坡度，刻意填土升高地台，最终形成传统风水学所推崇的背山面水建筑选址理想格局。它淋漓尽致地体现了学校半个多世纪以来，对原有校园建筑关于风土文脉意识、关于校园规划层次分明的中轴线对称(包括副轴线的垂直与平行等)，以及院落式建筑群布局审美意识的批判与继承，沿袭了尊重历史的一贯作风。

该楼高48米，为学校五山校区目前第一高楼，地上13层，共15 254平方米，半地下1层共2 107平方米，总计17 361平方米。由校建筑设计院何镜堂、郭卫宏总负责，何镜堂、郭卫宏、蒋邢辉、许喆、蒋涛等共同设计，2004年2月动工，2005年11月20日举行落成庆典。自建成以来，新生开学典礼、教师节表彰大会、校庆庆典仪式等均在励吾科技楼门前广场举行。

励吾科技楼巍峨大气，为我校五山校区一栋标志性的现代建筑。现代风格的室内装饰使其具有浓厚的时代气息，而两侧高3层的裙楼红墙碧瓦以及双翼飞檐的装饰，则让其再现了古典风韵。现代与古典相结合的建筑风格，使它与周边老建筑协调而和谐，延续了校园原有的人文气质。学校原校报编辑部主任杨和文赋七绝诗喜赞说：

携友登楼三月天，春风骀荡物华妍。
几屏山色时花艳，一派湖光碧水闲。
绿柳欣欣迎客舞，红棉烈烈向天燃。
多情笑指金银岛，正是华南美校园。

励吾科技楼的建成，使五山校区最终形成从校门经孙中山塑像、1号楼，到2号楼、东湖，直抵励吾科技楼的完整、恢宏的南北中轴线空间，满足了几代华南理工人对校区整体建筑空间的统一、均衡、序列与韵律的不懈追求。

2009年6月，该楼建筑获2008年度全国优秀工程勘察设计三等奖。

8号楼、9号楼

8号楼（20世纪八九十年代拍摄）

励吾科技楼的东侧是6号楼、7号楼，而西侧则有8号楼和9号楼。两楼同属国立中山大学在石牌办学时期兴建的老建筑。

8号楼坐北向南，位于校园中轴线之西，建筑面积2 512.3平方米，它原为国立中山大学机械电气工程系用地，现为我校机械与汽车工程学院热处理专业教师和学生的办公室、实验用楼之一。该楼共有2层，内设环形走廊，首层中间有花池。

9号楼坐西向东，同处校园中轴线之西，建筑面积2 294.4平方米，它原为中大土木工程系教室，后为我校电力系、电力学院用楼，至今仍为电力学院教学和科研办公用房。

两楼均由岭南近现代著名建筑设计师杨锡宗设计，广州宏益建筑公司承建，工程于1933年3月动工，次年9月竣工。

两楼同为框架结构，仿中国古典建筑风格，钢筋混凝土仿木构大屋顶，绿琉璃瓦黄屋脊红墙钢窗，高2层的内廊式合院平面建筑。歇山顶、正脊、兽件、须弥座、栏杆、雕饰、抱鼓石、檐下双重桁饰等中国传统建筑元素，大都运用其中，而门廊却又带有几

8号楼东门（2013年9月拍摄）

8号楼（1935年拍摄）

9号楼（1934年拍摄）

9号楼南侧面

8号楼（近）、9号楼（远）屋顶相邻（20世纪八九十年代拍摄）

9号楼正门

8号楼屋脊上的兽件

分西式风格。

8号楼正立面的左右出入口处，对称布置重檐庑殿门廊，而9号楼则只筑一个重檐庑殿门廊。

在材料运用和建筑装饰上，两楼既有中国特色，又融合了一些欧美建筑风格。9号楼的两层窗间墙面饰有传统吉祥纹样的深红色琉璃方砖，与红砖的砌筑相结合，丰富了建筑立面。两楼整体造型蔚为壮观。

8号楼与9号楼在选址布局上，注重与校园中轴线之东的6号、7号两楼在方位上形成东西副轴线对称，也反映了当年校园规划与建造者的传统风水观念。

2012年11月，华南理工大学建校60周年前夕，第一任老校长罗明燏塑像，置于其生前任教过的造船系9号楼西南侧草坪之中，供校友以及师生员工前来缅怀纪念。

2002年7月，两楼均被列入广州市第六批文物保护单位。

9号楼内廊（2014年8月拍摄）

致远石

致远石，位于我校五山校区校园中轴线之西、9号楼南面的草坪上，紧邻逸夫科学馆。

该石于1995年建筑设计研究院扩建新办公楼时从地下挖出，1996年被迁移至此，由我校教育技术中心曾德川设计与书写的篆体“致远”二字镌刻在石上，它与5号楼前“明志”石遥遥相望，作为装饰小品，共同营造与烘托校园人文环境。

石刻“致远”，意在告诫学子：要想在事业上有所作为、有所成就，必须站得高、看得远，把个人名利和得失看淡一些；同时，须让自己的心沉静下来，专心致志、勤奋刻苦地学习，才能达到自己所追求的理想境界。

如今，静卧校园的致远石，已成为一处既有观赏性又蕴含育人功能的人文景观，吸引着众多学子的目光，引发其对理想和未来的思考。

2003年11月，致远石以“灵石育英”之名入选我校“校园十景”，原校报编辑部主任杨和文为致远石诵五绝一阕：

奇石望东湖，绿茵宁静铺。
修身铭“致远”，志者立宏图。

逸夫科学馆

在致远石东侧的湖滨路上，你可看到一栋既与周围传统建筑相呼应，又不失时代气息的建筑——逸夫科学馆。该楼所处的地块，是原国立中山大学时期，于1934年9月，在理、工两学院中间地带削峰填谷成平地而修建的12个网球场(时称绒球场)的一部分。华南工学院时，则长期是学生（尤其是造船系学生）以浪桥、旋梯、虎伏(滚轮)、旋转回环锻炼身体的场地。

逸夫科学馆由香港知名人士邵逸夫先生捐资500万港币、学校和广东省政府共同筹资1 301万元兴建，校建筑设计研究院何镜堂主持，与杨适伟、许迪、郭远翔、李豫、张业文、王学峰等共同设计，广东省茂名市建筑安装第一公司施工，1992年4月1日奠基，1993年6月竣工，同年11月17日举行落成典礼。逸夫科学馆的建成，盘活了学校办学资源，使几个单位的教学、科研工作条件明显改善。目前该馆的西南侧房舍为电信学院所使用，东北侧房舍则是学校开展国内外学术交流的重要场所之一。

全馆为框架结构，总建筑面积7 352.9平方米。主楼共5层，呈对称布局，入口采取中庭处理手法，垂直交通的布置以利联系和疏散。

逸夫科学馆的平面布局，适应了现代科技建筑功能多样性和可变性的要求，楼层的高度、造型和色彩，既与周围传统建筑相呼应，又具有时代气息。该楼格调明朗、空间通透、造型典雅，室内设计朴实而不失高雅，美观而不落俗套；具有岭南特色的装修与装饰，室外辅以大片草坪，结合花坛、灯具、不锈钢雕塑、梯形台阶等，内外布局体现出了学校高品位的文化素养和学术氛围。值得一提的是楼前正门两侧，围绕科学的主题，各立一个由我校建筑设计研究院陈少熙创作的不锈钢材质造型，东为“宏观”，以宇宙运行轨道为题材，表达宏观世界的广袤浩瀚；西为“微观”，以原子结构为题材，表示微观世界，寓意物质构成的基础。显然，意在烘托探索科学的气氛，强化科学馆的功能。

宏观造型

微观造型

正门西侧不远处，立有为纪念冯秉铨教授百年诞辰而落成于2010年12月的一尊半身铜像，供师生缅怀纪念。冯教授生前为华南工学院副院长，其所在的无线电学、电子学专业领域里，在国内享有崇高的学术声誉与学术地位；同时，他又是活跃的社会活动家，对制定和推动我国科技发展远景规划以及对广东省和广州市人民新政权的早期建设，建树良多。

这幢新建筑西邻8号楼、9号楼两栋老建筑，东邻建筑设计研究院新建筑与6号楼、7号楼两栋老建筑，在各自地域都以品字形布局组成相对内敛的空间，各自围合成院落式建筑组团，并与校园中轴线形成左右径向对称，显示了学校对校园历史建筑规划的尊重与批判继承的一贯态度。

科学馆建筑先后获1994年3月邵逸夫先生第四批赠款项目工程一等奖、1995年5月国家教委优秀建筑设计一等奖第一名、1995年年度城乡建设部优秀建筑设计二等奖，1997年中国建筑学会建筑创作提名奖、1997年国家教委勘察设计优秀设计奖等奖项。

湖滨路

就校园内的道路来说，湖滨路算是十分宽阔而大气的。她地处教学、科研、行政与学生生活的中心地带，是环绕华南理工校园五山校区东湖的一条路。

全路分为南北两段，共885米。1936年竣工，至今已走过了近80年的历史，其间几经修缮、维护和拓展，如今已成为一条林木葱茏、芳草如茵、蝉鸣鸟啾、湖光潋滟之路。

在20世纪中山大学石牌办学时期，湖北面的马路原叫辰路，后改名为海滨路，据说是因为时任校长邹鲁的别号为“海滨”而得名，今天叫作湖滨北路。湖南面的马路，先称卯路，后名长江南路，今天叫湖滨南路。

解放战争后期，傍晚时分，这一带常常有学生漫步，徜徉在路旁树荫下探讨学问，或激辩时政。进步学生以散步为掩护，踯躅湖滨林道间、绿地上接受革命教育。因此有诗曰：“指点江山聚海滨。”

当年中山大学地下党负责人之一的何锡全，晚年对湖滨路的历史记忆仍然犹新，他在概述这种情景时写道：“学生建设国家的愿望，碰到这样政治条件、混乱的局面，不推翻

湖滨路（1947年前拍摄）

国民党反动派，不清理这个废墟就不能建设，他们受马列主义教育熏陶和传统教育，认识到天下兴亡匹夫有责而奋起，是从湖滨路、从校园开始，诉诸社会，奔向革命的。”

而由化工系1953届毕业生茹至刚执笔，代表当年在哈尔滨工作的52名校友写给母校的来信，则描绘了他们有别于以往学长对学校的另一番思念之情。

大家“是多么兴奋地向往着林木葱茏的石牌深处！那里湖滨路上，印着他们3年来辛勤地为祖国学习的足迹，那里每一棵树，每一条石阶都会挑起他们的思潮。”

他们期待着：“把更多令人鼓舞的胜利讯息带给祖国人民，带给华南工学院的亲爱老师和弟妹们！”

如今的湖滨路仍然浪漫美丽而充满动感，路两旁各具特色的新老校园建筑错落有致，让师生们流连忘返。

清晨，学子们伴着逸夫人文馆的钟声苏醒；夜晚，总有“攻坚”后归来的学人快步其间。纵然时光荏苒、景色变换，湖滨路上晨跑与夜练的身影、黄昏的球赛、绿荫下的信步、石凳上琅琅书声，却是长久不变的。这一切构成一幅动态的水墨画，成为许多华南理工学生心中永久的留恋和记忆。

湖滨路（1962年前拍摄）

老电话室

老电话室原是国立中山大学石牌校区电话室，位于五山校区校园中轴线之西，东邻29号楼，由岭南近现代著名建筑师胡德元设计，广州福盛建筑公司承建。工程于1937年动工，总建筑面积约为628.2平方米。

该室为框架结构的2层平顶建筑，具有明显的现代主义建筑风格。平面构图灵活，造型采用了局部弧形体量，带形外阳台，门窗布置灵活，设计了较大的玻璃面积。建筑注意发挥新型建筑装饰材料的性能特点，强调水平线条。外墙大面积使用4英寸方砖装饰，外阳台面和首层平台采用意大利米石批荡，并使用了钢管扶手。室内弧线形大楼梯似呈螺旋上升的态势，具有很强的雕塑感。

该室历经近80年风雨，几度易主，几经修缮，内部与外貌装饰方面有较大改动，只有主体结构完整保留。

因其蕴含的丰厚历史，于2007年4月29日，由学校建议，广州市文化局提请市政府并入广州市第六批文物保护单位名单之中，2007年11月前后获批复准予并入。

计算中心楼

华南理工大学是国内高等学校最早从事计算机教学和科研的单位之一。1958年开始计算机的科学研究，1960年设立计算机专业，1981年成立计算机科学与工程系，计算中心大楼的建造适应了我校计算机教学科研发展规模的需要。

计算中心楼位于五山校区黄山路与阿里山路的交界处，东邻8号楼，南近9号楼。该楼由校建筑设计研究院马瑞祥、陈开庆设计，广东茂名建筑安装第一公司承建，1982年10月动工，第二年12月建成。它是校内首座使用世界银行贷款建造的公共建筑。全楼高3层，框架结构，建筑面积为2 000平方米，大楼先后在1985年、1997年和1999年对内部各功能室的结构分布，以及消防系统等进行过多次改造，以适应不断发展的教学科研需要。

从外部看，整幢楼似“E”字形状，各功能室布局合理，空间利用充分。楼正门西向开，上方较大面积的通风窗大小间次排列，方正整齐，其设计风格沿用了我校20世纪60年代关于亚热带建筑的研究成果，利用突出外墙的方正石体挑檐，窗户横向排列，以纵向窗间墙分隔，减轻太阳的直接照射，以达到遮阳的目的。侧面墙根据需要点缀着若干个形状不一的小窗，既小巧美观，又能增强通透性。建筑前面的草地上耸立着两棵与楼齐高的棕榈树，两侧树影摇曳，傍晚在落日余晖的映照下，楼与树相依相融，显得别有风情。

麟鸿楼

（2002拍摄）

当你经过南门石牌坊，步入华南理工大学五山校区正门，前行约20米的西侧，“麟鸿楼”便会清晰地映入你的眼帘，这也就开始了我们为你设计的校园西线之行。

麟鸿楼与图书馆隔道相望，同处东西副轴线上，形成庄重、稳定的空间结构。

该楼经造纸专业教授施露明、校友佘淑红的“穿针引线”，由香港兆安地产有限公司董事经理李兆麟、李佘少鸿伉俪捐资250万港币、学校配套资金839.2万元共同建造。

楼高4层，框架结构，总建筑面积为5 690平方米，由校建筑设计研究院凌育洪、莫绮琳、刘挺等设计，广东茂名市电白建筑工程总公司施工，首期工程于2001年11月17日奠基，2002年学校50周年校庆日基本竣工，2003年10月第二期591平方米加建工程完工后，所有工程全部结束，便成我们今天所看到的麟鸿楼。

全楼典雅、通透、简约，注重对称。大楼连廊与南北两端的13号楼、14号楼相接，首层中部架空处，为公共出入通道。全楼外立面墙铺设浅灰色瓷砖，从而在色调上与周边的建筑相协调，并与隔道相望的图书馆大楼共同形成学校主轴线南端两侧建筑群的整体风格。

（2015年拍摄）

交通大楼

穿过麟鸿楼便来到学校南侧门附近的交通大楼，从楼名就可以明白其用途。交通大楼现为土木与交通学院的教学科研办公楼，位于五山校区珠江南路西侧，西临南湖。

大楼由校建筑设计研究院罗建河设计，广州市第四建筑工程有限公司承建，1996年12月动工，1998年11月竣工。楼高6层，框架结构，建筑面积为15 393平方米。

该楼在建筑设计上颇具匠心，外观主色调为灰白，大楼正面南北两端各呈圆弧状，中间部位方正，显得稳重大方。其设计构思源自汉代车马形象中的轮与轴关系，凸显交通的专业特色，外墙大面积的深色防晒玻璃与实体墙相互间隔，正面中部第二至五层辅以红色柱子支撑，多了几分层次感，由此改变了外观的单一感。大楼内部空间开阔，与之前建成的船模池、内燃机实验室相互联系，形成交通学院教学、科研、实验区一体建筑。整幢建筑呈四维环状分布，中央围成一个较为宽阔的内庭，其间花坛种植着各类亚热带花草和灌木，清香四溢，令人赏心悦目。

该楼承载了一段重要的历史，见证了我校实施部省共建、联合办学的起始时期。1992年我校开“联合、共建”办学之先河，在全国率先与广东省政府达成共建协议，而后又积极与广东省有关方面开展联合办学，主动为广东区域经济建设服务，有针对性地培养高层次人才。1995年1月交通大楼由交通学院联合办学另一方广东省交通厅出资建造。

我校实施联合共建的实践，得到了中央的肯定。1996年10月14日，来校视察的国务院副总理李岚清同志指出：“‘共建’二字的发明权在你们这里。‘共建’现在不但在你们这里开花结果，而且在全国开花结果。我们找到了一条改变传统计划经济模式办大学的办法，这是一个重要的办法。”

2000年交通大楼建筑被评为全国优秀教育建筑三等奖。

启新亭

从交通大楼出来，沿着珠江西路走，便可来到位于学校五山校区西南，即南秀村47栋与48栋教工住宅楼之间，亦即国立中山大学时期石牌校区所称的阿拉贡山（土名螺旋岗）脚下的启新亭。

亭在中国文化的长河中有着十分悠久的历史，但古代最早建亭并不是作观赏用。最初的亭子或是用于旅途休憩，或用来迎宾送客，后逐渐开始作为点景建筑，出现在园林之中。

启新亭(1949年前拍摄）

启新亭由岭南近现代著名建筑师、建筑教育家林克明设计，于1935年5月1日建成。该亭结构简洁，为中西合璧的建筑小品。中式的绿瓦翘檐屋顶，配有6根西式圆柱。该亭的牌匾“缔造艰难”是由当时担任国立中山大学的校长邹鲁所书写，在“文化大革命”期间被毁。

邹鲁还为启新亭撰写了《启新亭记》：

民国二十三年十一月十一日，本校十周年纪念之期，适新校落成一部，农工法三学院迁入新校。农学院员生集资建此亭记经始也。溯十三年，总理创造本校，十四年总理规划石牌为新校舍。余命农学院员生前来经营。乡人于此地发生事端，当其事者计有农学院院长邓植仪，教授利寅、欧华清、黄昦、邝嵩龄、张福达，助理梁惟一、黄秋，学生张农、姚碧澄。今之农学院院长仍为邓植仪，其学生张农则为农场主任，姚碧澄则为第一医院主任，梁惟一则为农场技师，加以年年新校奠基。新校落成，四乡皆载洒舞狮助庆，与人兴颂。今昔不同，身新其事者益增情兴，爰有集资建亭之举。亭成，余名曰：“启新”，并题：“缔造艰难”四字为额以志之，非只欲使知经始之不易也，尤欲使我员生益励勇进之气以竟全功焉。

建造启新亭的起因是为纪念1925年该校在石牌开辟第二农场地界测绘时，发生师生遭受殴打的流血事件。据说1925年5月1日，周边村民以风水为由，武力阻挠农场征用边界，8名师生被村民殴打。

学校迁入后，组织师生为周边村民服务，获得村民好感。农学院师生为纪念农场创设艰辛的历程，勉励后人珍惜，勤奋努力，遂捐资，在当年遭受殴打之地建造亭子。当时，“农学院教职员及所属的农场职员各捐一月薪水，林场职员及全院学生各捐2元，连同农场拨助500元，共1 400元为该亭的修建费”。小亭竣工的日子，则适逢农场成立10周年，下午3时举行开幕典礼，“四乡皆载酒舞狮助庆”。

2002年前后，学校翻修了濒临倒塌的启新亭，现只能从6根圆柱底座的花纹处隐约可见它当年的风采。

（2015年1月拍摄）

逸夫工程馆

邵逸夫先生对中国的教育事业可谓是尽心尽力，“逸夫楼”遍布了国内校园，仅在华南理工大学就有逸夫科学馆、逸夫人文馆、逸夫工程馆。沿着珠江东路一路向北走来，在路旁便可看到逸夫工程馆。

逸夫工程馆位于珠江东路西侧，北接25号楼，南近28号楼，东邻制浆造纸工程国家重点实验室，现为化学与化工学院、传热强化与过程节能教育部重点实验室两单位用房。

该楼的筹建资金由香港知名人士邵逸夫先生资助港币400万元，政府与学校共同筹资1 013余万元兴建，1993年11月17日奠基，1994年3月8日动工，1995年9月15日竣工。由校建筑工程教授叶荣贵设计，广东茂名市建筑工程总公司广州分公司第一工程处承建。全楼高4层，框架结构，建筑面积为5 017平方米。该馆在传承校园文化的同时，建筑的长宽高采用了高低错落、集中与分散相结合的方法，建筑高度、屋顶形式、色彩均与周围建筑相协调，造型突出现代科技建筑的多元性和灵活性的时代特色。

入口广场为大楼创造了一个能展示其气势的视域空间，门前宽阔、简朴的室外台阶，提升了大厅的标高。主楼外墙大部分用灰白色条形砖，利用光影突出建筑简朴的体型；建筑的顶部和下部室外勒脚，采用较深的灰色条形砖，起到了上、下“收口”的作用。内庭采用黄绿两色面砖，简洁大方。整幢大楼色彩明亮、淡雅、端庄，体现了亚热带地区学校建筑的特色。

逸夫工程馆是我校第二个由邵逸夫先生捐赠的项目工程，规模较大，标准较高。1997年8月该建筑被国家教委评为邵逸夫先生第6～8批赠款工程项目一等奖第一名，2000年被评为全国优秀教育建筑优秀奖。

12号楼前的日晷（左）与栏杆上的云纹栏头（右）

12号楼

从逸夫工程馆往前走上山坡，来到一座叫萌渚岭的山冈。萌渚岭上有好几处景观，12号楼就是其中之一。12号楼为华南理工大学校园内仿中国古典建筑之一，原为国立中山大学法学院用楼，现为工商管理学院使用。它坐北向南，地处五山校区中轴线之西，与衡山之上的5号楼即国立中山大学的文学院楼遥相呼应。

该楼由岭南近现代著名建筑师、建筑教育家林克明设计，广州合泰建筑公司承建。工程于1934年10月19日动工，次年11月11日落成，总建筑面积3 554.5平方米。

12号楼广场的钟声每天依旧在悠扬地敲响

仿清式栏杆上的抱鼓石

全楼为框架结构，并有仿中国古典建筑风格，以钢筋混凝土仿造木构大屋顶。勇于创新的林克明，在该楼的设计上采用了简化仿木结构形式，取消了传统的层叠木斗拱构件(斗拱是中国建筑特有的结构部件，其作用是在柱子上伸出悬臂梁承托檐部分的重量)。以前，以木构作为承重体系，屋顶挑檐则以层层挑出的斗拱作支承，使得屋檐构造相当复杂，空间体积很大，采用简化仿木结构相应地降低了造价。

该楼平面呈“山”字形。它的主体高3层，重檐庑殿顶，两翼为2层，单檐歇山顶，形成一个主次分明、稳重大方的外观构图。飞檐屋顶下饰有精美的洗石米彩画，充分展现了古式建筑的神奇魅力；绿瓦屋脊上的脊饰——“蹲脊兽”栩栩如生，显得俏丽而飘逸，与故宫漱芳斋上的“蹲脊兽”还真有几分相似；红墙钢窗，正立面墙上间隔镶嵌着10根厚实的红色圆柱，直至第二层，稳重而坚实。整个建筑掩映在一片绿树丛林之中，至今仍给人以古朴典雅之感，更彰显法律至上的精神。

12楼屋脊上的一组琉璃瓦件，从左至右为骑兽仙人、龙、凤、狮、天马、海马

这类仿中国古典式建筑，空间的使用率不高，采光及通风差，而且为仿造古典建筑的外观建造，无形中也增加了建筑成本。尽管如此，1933—1937年间，我国近代建筑发展高潮期建造的12号楼，及校内其他同期的仿古典建筑，仍然堪称传统古典复兴式的建筑风格与西方现代科技相结合的近代优秀建筑作品。

在地理上，坐西的12号楼与居东的5号楼形成东西副轴线对称布局，体现了青龙白虎对称建筑的风水观和左文右武的传统礼制。因此5号楼傍青龙、12号楼倚白虎，都是依照山的地势、特征而建。

2002年，在我校50周年校庆前，工商管理学院师生、校友捐款800万元，对其做了内部装修，使整栋楼在散发浓厚的古典韵味的同时，平添了几分现代气息。

2002年7月，该楼被列入广州市第六批文物保护单位。2003年11月，它以“凤山雅筑”之名入选我校“校园十景”。学校原校报编辑部主任杨和文吟五绝诗一首：

平冈有雅楼，门下聚才优。

毓秀弦歌远，辉煌向九州。

12号楼（1935年前拍摄）

12号楼阑额仿清式和玺彩画。和玺彩画为清式最高彩画

（1982年拍摄）

日晷仪

日晷也称作“日规”或“日圭”，是古代利用日影测时的一种简易装置。

位于12号楼前广场上的日晷仪属投影日晷。它不设指时针，只在晷盘上有一南北径向直角三角形形状铜件，其斜边向上朝南，短边垂直于晷盘。铜件的西、东两侧晷盘分别有若干时刻线，阳光下铜件阴影达到的时刻线，则表示相应的地方的时间。1934年11月11日国立中山大学法学院建筑奠基时，该院师生倡议捐资建造日晷。为筹备建设资金，国立中山大学规定农学院、法学院两院学生人均缴交2元，不足金额由学校补够。建造日晷，其意在取日晷仪端正的外形，寓意法律、政治、经济公正的准则，从而勉励本院学子学以致用，为国家和社会多做贡献。所以在造取日晷端正外形的同时，更彰显其意义深远。日晷仪由岭南近现代著名建筑师、时任广东省立勷勤大学建筑工程系教授胡德元设计，广州吴翘记建筑公司承建，工程于1936年11月12日动工，第二年10月竣工。

（1985年前拍摄）

可能由于战争的原因，当年所造的日晷原物已不存在，仅留下了台座。该圆形台座侧面饰有彩画和花纹，整个台座给人以雄浑之感。现在所看到台座上的日晷，是学校于2001年根据当年施工图以青铜浇铸复制的。重新修造日晷的目的在于以物明志，勉励我校师生养心守正，珍惜光阴，把握人生。

如今，日晷景观成为国家领导人及国内外来宾来我校指导、访问时多必参观的一个重要人文景观。

22号楼、23号楼

同在萌渚岭上的22号、23号楼，堪称一对孪生楼，无论是建造时间还是内部结构、建筑尺寸几乎如出一辙，只是23号楼多了一层地下层而已。两楼位于12号楼前东、西两侧，东为22号楼，西为23号楼。两楼选址上尊重历史，形成以12号楼为主体并作副轴线对称的大景观。设计者在选址上是否有突出法律的均衡及公正性？现在我们不得而知。

两楼是在20世纪80年代初，学校办学进入恢复性建设阶段，课室紧缺的情况下开始筹建的。由校建筑设计研究院岭南近现代著名设计师林克明以及郑鹏主持设计，主要合作者为孙文泰、张发明，茂名市建筑安装工程公司第四施工队施工。1984年年初投入使用。其中22号楼楼高4层，建筑面积2 894.4平方米；23号楼楼高5层，建筑面积3 214.4平方米。两楼各自又分为南北两座，以连廊把南北两座相接。

23号楼一角（2011年拍摄）

23号楼

两楼均为框架混合式结构，挑檐、首层腰线入口、门廊飘板贴绿琉璃瓦，与原法学院（即今12号楼）的红墙绿瓦相协调。为达到与12号楼的和谐，当时的设计说明强调外墙粉刷要浅淡、清雅，不用深浓的深黄、蓝、深绿色等，故外墙大部为水刷石米面。外墙窗采用钢腹平开窗，室内为普通木质门窗，阳台走廊采用带有民族格调的洗石米栏杆。屋面浇注混凝土，面铺红粘土阶砖隔热层。两楼除23号楼多一层330平方米地下课室外，其余主体建筑尺寸都相同，只是方位互异，呈“镜像”形态，从而营造出一种统一、均衡与对称的美感。

两楼当时各设60座位的绘图室4个、教室6个，90座位教室9个。两楼共有阶梯教室4个，共可容纳902人。两楼建成后，有效缓解了学校课室紧缺的局面。

由于当年资金与部分建筑材料的匮乏，两楼使用20多年后，内外设施已陈旧，2005年对它们进行了翻修，外墙装修风格与12号楼互相协调。两楼原有纯教学用房的格局也发生了变化。现22号楼归工商管理学院使用，23号楼则为理学院物理系使用。

太极形泉池

2007年22号楼于楼外新增取名“悦苑”的盆景区，楼内一楼庭院设水池，名曰“沁园”。“沁园”内建有一太极形泉池。设计者为我们诠释了当初的设计思想：阴阳太极的构思传达着管理是科学与艺术相结合的学科特点；池内东面泉口用“溢”水而非“喷”水，意为大师授学，神思淡定，娓娓道来；西面泉口用传统喷泉状，意为学生吸取知识，才思泉涌，喷薄而出；东高西低的泉台设计与西高东低的泉柱形成鲜明对比，寓意学生的成就可以远超老师，但位置在老师之下，意在传承中华民族对尊师重道的崇尚。

22号楼

“悦园”内的130多颗盆景为工商管理学院校友谢洲云捐摆，其中最老的一盆九里香已逾160岁的“高龄”。工商管理学院的老师介绍，管理学院重视案例教学，修剪一盆盆景好似修剪一棵大树，研究一个案例就好比研究一个企业；园内盆景有长于造型的“北派”盆景，有顺势修剪的“南派”盆景，南北盆景聚集一起传达给来自五湖四海的学子们“派分南北、形有不同、品有何异”的神学思想；“蜗居”在盆中多年依然展示着顽强生命力的盆景同时传递着“曲则全、枉则直”的道家智慧。

“北派”盆景

“南派”盆景

百步梯

百步梯为华南理工大学一处极具特色的景致，它与12号楼相互映衬。

从萌渚岭上参观12号楼等景观之后，我们可以沿百步梯顺级而下。百步梯位于半山西路中段西侧，倚山而建，是通往12号楼的一段百余级水泥阶梯。阶梯中间筑有灯柱与铁制扶手，将梯分作左右两道，以便上下。

百步梯由岭南近现代著名建筑师杨锡宗设计，始建于1936年1月。初以三合土（即1份水泥、2份沙、4份半寸大小的碎石加水混合的建筑材料）为材，后改为砖砌敷水泥砂浆阶梯。

百步梯苍劲古朴，从地形上来看，颇有中国古代入山修炼的格局。掩映在两旁绿树丛中的石梯缘山拾步而上，是寓意人生如登山，还是引导学生努力学习，脚踏实地，勇于攀登？不管何论都无法抹去这种事实，那就是它蕴藏着华园人历经的沧桑岁月，是一代代人努力攀登科学高峰的最好见证。它已成为励勉我校学生志存高远、不怕困难、奋勇拼搏的象征。

以前，每当阳光初照，便有三三两两的学生登级去课室；上午课间操时，学生有的往返经过百步梯，那时的百步梯间，人流涌动，非常壮观。21世纪初，五山校区的课室开始往西北角建造，加之百步梯周邻课室大楼使用功能陆续调整，为院系教学试验楼，或为院系办公场所。所以，以前学生取道百步梯，浩浩荡荡赶去上课的景象就少了。

2002年7月，百步梯被列入广州市第六批文物保护单位。2003年11月，它以“石梯砺步”之名入选我校“校园十景”。原校报编辑部主任杨和文老师曾写诗赞道：

百步石梯高，山荫野卉娇。
几多勤学子，爱此激情豪。

（1947年前拍摄）

（1982年拍摄）

（2006年拍摄）

1号楼

当你顺着百步梯下到半山西路时，对面1号楼就呈现在了你的眼前。1号楼筹建于1960年，到1964年才动工，1965年7月前交付使用。由我校谭天宋、夏昌世、杜汝俭等建筑工程教授主持设计，广州建筑第三公司承建。

1号楼最初只建了东、西两翼各4层。1976年建成中座，1984—1985年对中座又做了适度修建，最终形成现在的建筑格局。全楼为框架混合式结构，总建筑面积为9 602.3平方米。它线条明快，色调宜人，也是我校历史标志性建筑之一。

1号楼两翼建设时，采用了当时国内新兴的平面式建筑，这是我校运用有关亚热带建筑的遮阳、隔热、通风研究成果形成的一种新的建筑方式。故而1号楼一改以往课室多为中间走廊的平面组织，从二楼开始南立面的课室向后适当缩进，留出空间作走廊。同时，课室南、北墙面上开了数个大窗户，有利于通风和采光。这种单边走廊的设计，形成体形秀薄、伸展开放的建筑立面，给人轻快、疏朗的感觉，为当时学校各类课室中所仅有，因而备受学生喜欢。许多校友谈起学校时，对当年在1号楼学习、生活的场景仍记忆犹新。

该楼建成后主要用于全校公共课、基础课及电视教学课。2004年9月后，陆续有多个机关迁到楼内办公，大楼原有的教学功能逐渐弱化。

1号楼存世至今，见证了学校许多重大事件：有“文化大革命”期间大字报的张挂、开批斗会的纷乱，也有对粉碎“四人帮”的欢庆；有全国恢复高考后，广东省高考评卷计分在此进行；也有后来广场上各类校园科技文化节开幕仪式，校庆40周年、45周年盛典，以及香港回归祖国和新中国成立50周年的喜庆场面；还有从2004年起，广场上数年如一的全校应届毕业生隆盛的毕业典礼……

1号楼所见证的，早已沉淀为学校历史的一部分。今天1号楼前广场上的升旗台，3根旗柱上国旗、团旗、校旗飘扬，激励学子们爱国爱校、锐意进取。正如原校报编辑部主任杨和文七绝诗曰：

琼楼雍雅耸中天，几度沧桑几换颜。
长忆端阳风正爽，书声芒果共飘香。

（2015年拍摄）

2号楼

2号楼，位于1号楼的北面，与1号楼一样，同处在五山校区校园中轴线中段，是我校五山校区的行政办公楼。它结合山势而建，前临有绿地、花坛的半山公园，后俯东湖，西、东两翼各以3号楼（电子与信息学院、自动化科学与工程学院）、4号楼（外国语学院、理学院）为邻，形成一个相对内敛、平和、稳重的空间。

该楼分南北座，南座由我校夏昌世、谭天宋、陆能源等建筑工程教授主持设计。于1952年筹建，1953年动工，全楼框架结构，高4层，建筑面积2 916.5平方米，于1954年12月落成。

当年因国家财力所限，该楼建筑时本着“适用、经济、在可能条件下注意美观”的方针处理。总设计师夏昌世在设计中，不因当时批判西方的所谓玻璃方匣子建筑形式以及资产阶级唯美主义，迎合此时流行于全国的“大屋顶”复古主义思潮，当时，采取三项措施：

第一，采用“抱厦”手法。在办公楼进门大厅的前面，加一个入口平台，屋顶采用中国传统建筑盝顶形式，屋面中间为平台。满足实用、经济要求，又有中国传统风味。

（1959年拍摄）

2号楼北向（西侧面）

第二，在适宜部位如窗台下的外墙面上采用孖菱形相连传统建筑装饰纹样。东西两边屋面平台周围的女儿墙外墙面上，采用传统福寿简化装饰纹样，既简洁，又有传统建筑韵味。

第三，在办公楼选址时，把建筑物向北移到山冈边，目的是保护建筑物前面的9棵大榕树。

2号楼南门前的榕树根深叶茂

2号楼的建筑，利用地形高差，使办公楼前视为3层，后视为4层。办公楼恰好笼罩在9棵大榕树之后，树干、树形与3层楼房建筑比例协调。从后面看，4层办公楼位于校园东湖岸边。大楼虽用钢筋混凝土材料，但仍采用传统简朴的灰瓦屋顶，与周围传统的红墙、琉璃绿瓦教学楼相比，一新一旧，仍然达到协调统一的目的。

半个多世纪过去了，2号楼南座虽有数次修缮，整体风格保留至今。依旧红砖墙、砂浆批荡墙与水洗粗石米墙相间，普通瓦屋面，屋脊加少许绿琉璃瓦点缀。

北座扩建于1985年12月，由我校建筑设计研究院林永祥、冯敏之等设计，广东茂名建筑安装第一

公司承建，1987年12月竣工。北座又称研究生院楼，全楼框架结构，高4层，建筑面积为3 384.4平方米，采用亭阁式设计风格。主要用黑色花岗岩、玄武岩铺设地面，天面栏杆用水刷石，外飘板喷涂白色，用折形的平面与立面布置加强采光效果和解决阳光西晒带来的影响。

2号楼南、北座之间用连廊连接，连廊简洁而别有一番岭南小筑的幽静。它作为一个坡地建筑，以坡道、台阶、楼梯、连廊等巧妙地将建筑空间组合起来，实现了建筑与自然的和谐美。

1988年2号楼北座建筑被国家教委评为优秀建筑设计三等奖。

1号楼和2号楼之间的绿地中，有世界学术大师或诺贝尔奖得主在此植树纪念。2012年11月27日的《广州日报》刊登的《华工有片“诺贝尔林”》一文中的“诺贝尔林”指的就是这个地方。一棵树象征一位来校讲学的全球顶级学术大师，包括2000年诺贝尔化学奖获得者白川英树和2007年诺贝尔物理学奖获得者阿尔贝·费尔等。现在“诺贝尔林”已经有7棵名人树，每棵树都有一位种树人名字的铭牌。

2号楼正门所临半山公园里，不同时期的林木混交种植，郁郁葱葱。有木棉、有棕榈、有榕树……特别是楼前的9棵郁闭一方的盘结老榕（即小叶榕），及其前方南端有一排南洋杉，均为1928年3月15日全省植树日栽下所留存。它们俨然成为“十年树木，百年树人”的象征。

泳池铭

位于2号楼前面的东侧，有一池长约20米，宽8米，浅处有1.2米，深处则达2.1米的游泳池。池的西侧装置铁扶梯，现已锈迹斑斑。

游泳池旁边立有一块石碑，上刻有文字：

一九三八年十月至一九四五年八月，日本侵华‘南支方面军’第二十一、二十三军，占此校园为司令部，恣睢据半山公园一角作泳池，供其使用。抗战胜利，校园重光。泳池长留，欲告学子，勿忘国耻，立志成才，光我中华。

我们称它泳池铭。

1938年10月广州沦陷，国立中山大学石牌校园即为日本侵略者所占。2011年查系列史料得知，开始霸占石牌校园作军部的是日本华南方面军，而非日二十一军。该泳池为日军侵华时修建，也是日军侵略中国的罪证之一。据民间口授相传，该泳池专供日本侵略者首领享用，直到日本投降。

自20世纪50年代中期以来，我校一直刻意留存空池以告诫历届学子。2004年，更在此勒石为铭，呼唤学子勿忘国耻，潜心读书，为振兴中华而努力奋斗。

池中建筑小品鱼雕，为我校建筑工程教授丁纪凌创作，与泳池原使用性质无关。

《国立中山大学新校舍记》石碑

《国立中山大学新校舍记》石碑，现安置在我校五山校区2号楼东侧，阶梯下一幅不易引人注意的南墙北侧，有雅兴者不妨拾步前往探访。

碑石为灰黑色水成岩，碑宽1.4米，高2.8米，厚约0.3米。碑文为国立中山大学时期的时任校长邹鲁所撰，记述国立中山大学石牌校区筹办经过与首期建设工程成果，以及学校远景规划。刻碑事项于1934年10月8日交广州张金记建筑公司承办，至今已有近80年的历史了。

1934年11月11日该碑立在石牌校区内的半山公园南端，即现在1号楼中座北侧。1992年被发现时已风化崩裂为数块，后重新镶拼，碑文已难以辨认。

國立中山大學新校舍記
中華民國十三年春吾黨 總理孫中山先生命魯創辦國立廣東大學是年九月成立 總理以原有校舍散處市區不適藏修尤難發展復
命魯擇定石牌為新校址甫事經營而 總理遽逝本校遂易今名以資紀念十四年秋魯以清共事去職自是新校建築雖有計劃莫之實行
二十年冬曾興築農學館未三月而中止廿一年春魯復長本校以新校計劃既受命於 總理不敢不勉力籌建終始其事乃先後請准西南
政務委員會撥給肥田料捐及洋米捐之一部為建築費復與本校石學諸者書發起募捐遂於廿二年三月興工建築於十一月十一日本
校九週年紀念日行奠基禮由是年十二月始財政部復按月撥款補助訖本年九月止先後竣工者有 總理銅像一座農學館一
座簡易蠶室調桑室及附屬房舍數座稻作場辦公室及附屬房舍數座理學院之化學教室一座工學院之電氣工程機械工程教室共一座
土木工程教室一座男宿舍六座女宿舍一座膳堂二座除緣涌建築物之公路外全校可通車之公路都凡七十餘里發電廠及自來水廠則
尚在建築中農工法三學院則於本年秋季遷入新校開學焉現復興工建大門石牌坊一座文學院全座法學院全座農學院之農林化學館
一座園藝溫室一座農場總務股辦事處一座森林股辦事處一座農場貯藏室一座醫學館一座乳牛房一座理學院之數學天文物理教室
共一座生物地質地理教室共一座工學院之化學工程教室一座工廠數座宿舍數座計期明年七月可以竣工若大禮堂圖書館博物館天
文臺體育館總辦公廳農學院之林學館農林植物研究所蠶種冷藏庫職教員宿舍等興工建築則有待於明年全校建築物之位置禮堂居
中左為文學院右為法學院禮堂正北為農學院其東南為理學院西南為工學院禮堂之南則 總理銅像巍然在目像東為圖書館西為博
物院禮堂東南高峯為天文臺臺西南則為大門門之左為稻作場禮堂之西北隅湖光瀲灩湖之東為女生宿舍湖之西南為醫學館調桑室
男生宿舍則居禮堂東北隅據數平岡錯若置棊教職員宿舍則聚處圖書館東南隅運動場游泳場則散居各處凡茲計劃使各學院等自成
一區分途發展而不相妨焉以言夫形勢則白雲山環其側珠江繞其前校內岡巒起伏池沼瀠漾分割區段以我國諸行省分名其區復因各
區之岡巒池沼附以行省內山川湖澤名號使入本校者悠然生愛國之心即啟其負興國之責全校占地萬餘畝除建築物外均為農場凡植
竹木菓樹二百萬株有奇復闢道路至白雲山林場聯貫為一林場種樹約一百六十餘萬株庶不特可增河山之美觀而資全校員生之修養
亦有足多焉預計五年後有收益者可得五十萬株每年每株以一毫計則年可得五十萬元十年後三百萬株皆有收益每年每株以一元計
則年可得三百餘萬元書收園藝尚不與焉蓋欲使向來消費之教育化為生產之教育此後理工醫各科亦將分門計劃達此目的是則魯積
年來之教育主張也溯 總理之創辦本校也除廣州一隅外四境皆敵當日財政復為軍人所據終排萬難而創立本校且擇石牌定為新校
基其高瞻遠矚為何如哉余祗承 總理之教復受命計劃建築新校故不憚於世界經濟不振全國經濟不振廣東經濟不振之今日毅然決
然興工建築幸復在粵諸董事及財政部長之助得以經營有成而個人之忍辱進除心從事每當困難紛沓之際輒繞室徬徨寢不安食不能
豈有他哉亦欲完成 總理之付托為黨為國樹一最高學府以救中國救民族而已但作始甚簡若本 總理創造本校之旨發揚而光大之
則其責又諸同志及國人所應共負者也茲特乘本校成立十週年紀念又慶新校落成農工法三學院遷入及文法兩學院奠基之時略誌始
末記之已告成事且皆職功中華民國二十三年十一月十一日校長鄒魯謹誌并書
高要張金刻石

《国立中山大学新校舍记》碑石（1934年拍摄）

逸夫人文馆

来到华南理工大学五山校区，逸夫人文馆也是一处不能不去参观的景观。它位于华南理工大学五山校区校园中轴线之西，西对西湖，东临东湖。因与东湖东侧的东三男生宿舍同处横轴线上，形成隔湖相望的大空间景致，体现了朴素、理性的大学建筑理念，提高了周边一带校园的文化品位。总体看，人文馆的建筑风格，是对原有校园老建筑所代表的近现代岭南建筑流派的继承与发展，它是当代岭南建筑的代表作之一。

人文馆由香港知名人士邵逸夫先生在我校捐资建造的第三座逸夫楼，资助金额为500万元港币，广东省政府拨款500万元，其余由我校出资，共计筹资2 949.1万元兴建，校建筑设计研究院何镜堂、倪阳总负责，何镜堂、倪阳、郭昊栩、林毅等共同设计，2002年6月动工，第二年10月竣工。主楼框架结构，楼高3层，钟塔高40米，总建筑面积6 398平方米。该馆第二至三层设展示、报告厅，也是办展览、开讲座，进行文化交流的场所。而底层为咖啡厅，供人们闲暇消遣。

学校老一代的师生知道，在人文馆建成之前，此地原是一片方圆为9.6亩的沼泽，20世纪50年代初已淤塞，学校就将其填埋改造成花园。到人文馆工程建成前的40多年里，曾先后被改为校工会、学生与教工俱乐部、学校招待所、教工第一饭堂及湖滨厅等用地。

逸夫人文馆建筑曾被评为2005年教育部、2006年建设部的优秀建筑设计一等奖，2005年第三届中国建筑学会建筑创作一等奖（佳作奖），2006年邵逸夫先生之“邵氏基金赠款第16批赠款大学项目”一等奖，2008年4月，荣获国家级优秀设计最高奖——国家优秀设计金奖。

2006年12月5日，中共青少年党史教育活动基地落户于此。

2003年11月，该楼以“平湖钟声”之名入选我校“校园十景”。学校杨和文老师再咏五绝一阕：

钟楼昼夜忙，流水记时光。
侵晓书声悦，人生早起航。

西二、西三宿舍

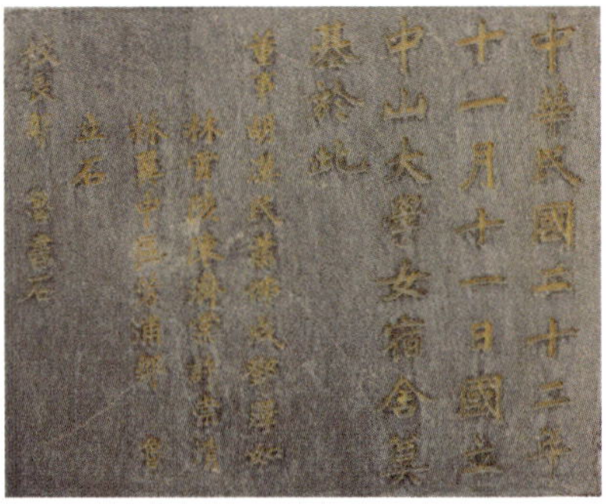

西三宿舍奠基石（2011年拍摄）

紧临西湖厅的西二、西三宿舍，相信是华南理工大学女学生记忆深处一道靓丽的风景。

国立中山大学石牌校区原有两栋女生宿舍，即现在的西二、西三宿舍，它们均位于五山校区黄河路北端、西湖南岸的小山坡上，呈“一”字排列。一条树荫覆盖、蜿蜒至女生宿舍楼前的小路，曾有“相思路”美称，现早已成学生上下课、去饭堂就餐的通道了。西侧的女生宿舍与位于中轴线之东的男生宿舍，互为犄角状方位，如前面所提到的，体现了中国“男左女右”的传统伦理秩序。

西三宿舍当年称女生第一宿舍，1933年10月动工，1934年9月竣工，建筑面积为1 529.2平方米。西二宿舍当年称女生第二宿舍，工程签约于1935年4月10日，随后动工，1936年竣工，建筑面积约1 562.4平方米。两楼均由岭南近现代著名建筑师杨锡宗设计，广州大来建筑公司承建。

西三宿舍（2011年拍摄）

西二宿舍（2008年拍摄）

两楼均为框架结构，各高3层，造型优雅而美丽，属中外混合式建筑风格，全然没有中国传统的大屋顶式结构，采用庄重的立面构图，外墙清水红砖，飘檐配绿色琉璃瓦当。设计者别具匠心，是否蕴含了女学子们在改变旧思想，接受知识的洗礼，以崭新的风貌走向世界？女生第一宿舍在遮阳棚、顶层等处用传统方式进行了精致的点缀，既凸显现代风格，又体现民族格调。女生第二宿舍则在设计上取消了遮阳棚，增加了新颖的欧式门廊和侧面阳台，更突出了其中西合璧的风格。

1952年10月华南工学院组建后，两幢宿舍更名为西二、西三宿舍。

两楼至今均有80年的楼龄，除抗战8年外，两楼基本为女生宿舍。只在“文化大革命”期间，西二曾被驻校的毛泽东思想宣传队作为宿舍若干年，西三也于同期曾改作单身女教职工与女生的合住楼。

大学改变了许多人的人生轨迹，校友们就读期间对当年学习、生活中曾遇到对宿舍的诸多设施不完善等各种不如意，也随着时光的流逝而淡化，并且日益增加了对已走远的校园生活的追忆，对母校的深深怀念之情。

如今，历经1999年、2002年及2007年几次较大修缮的西二、西三宿舍，依然美丽如初。黄昏时分，从远处望去，绿树映衬下的两楼，宛若两位端庄、秀丽的南国女子，静静地伫立在西湖之滨，仿佛正期待着即将下课回来的学子为她们带来快乐的喧嚣……

2002年7月，两楼被列入广州市第六批文物保护单位。

西湖厅

当你看到“西湖厅”几个字时，你的好奇心可能油然而生，西湖厅不是在杭州西湖吗？不，西湖厅栖息在美丽的华南理工大学五山校区主轴线之西、西湖南侧，紧邻学生第五食堂。它是改革开放后我校首幢标志性公共食堂的建筑。食堂主设计者为叶淼森、唐耀荣。1981年5月，楼高3层的西湖厅在原学生第一食堂旧址上开工建设，第二年8月竣工。总建筑面积为2 459.1平方米，投资57.4万元。

西湖厅的造型新颖、别致。东西两端不设窗，南北两面大面积地采用玻璃窗，以利通风及采光。东侧设有螺旋楼梯，站在楼梯顶端，秀丽的西湖风光一览无余，令人赏心悦目。

西湖厅三楼于1996年改造为歌舞厅，曾是学生娱乐场所之一。周末华灯初上之时，随着彩灯闪烁，紧张了一周的师生员工踏着节奏翩翩起舞，洗尽疲劳，那是何等的喜悦与轻松。西湖厅首层自1982年至20世纪90年代后期，曾是毕业生离开校园的集聚之地，2003年前也曾是本科新生报到的场所，以后为研究生新生报到点。

西湖厅与学生第五食堂建筑，历经2008年至2013年几次的改造现已连成一体，合称中区食堂。

西区综合体育馆

为改善学校体育科研与教学条件及学生的运动条件，增强体育场地的综合使用性，为体育教学、训练和学生群体竞赛活动提供一个良好的平台，学校在旧有西区风雨操场的原址上，新建了现代化、多功能的西区综合体育馆，为我校体育教学上水平提供了有力的保障。

顾名思义，西区综合体育馆位于华南理工大学五山校区西区，居校园中轴线之西，毗邻水色秀美的西湖。该馆由校建筑设计研究院李非设计，广州工程总承包集团有限公司承建，始建于2004年11月，2006年11月18日落成，2007年12月通过验收，全馆高3层，底层架空，建筑面积14 750平方米，加上田径场等总用地面积3.96万平方米，总投资近5 000万元。

该馆首层为多功能训练场、篮球场、设备用房、运动员休息更衣室，二层为乒乓球场、体操训练场，三层为排球场、羽毛球场等。结合南方气候，该馆首层、二层自然通风采光，百叶帘设置及首层、二层之间突出墙面的大面积波浪形顶棚既起到遮阳挡雨作

用，在造型上又增加了立面的立体层次感，体现了现代建筑的特色。

在外立面的用色处理上，选用了能体现高校文化氛围以及我校传统建筑特色的红砖主色调，与其正前方的红色环形塑胶跑道相映生辉。屋顶的弧形飘板与南面近距离山坡的天际线一脉相承，线条自然流畅，飘逸而富有亲和力。

西区体育馆的建成，使田径场地与周围建筑设施更加协调统一，整体改善了校园环境。

如今，西区体育馆与同期建成的标准田径场、风雨跑道、露天球场一起，每天张开宽广的胸怀，热情地迎接那些前来进行体育锻炼的师生。在周围跑道上跑步的、在绿茵场上踢足球的、在体育馆架空层的篮球场打篮球的，还有跳远的、跳广场舞的，各自尽情地活动着筋骨。老老少少，热闹非凡。

清晨的朝阳、傍晚的彩霞，映照在一张张充满激情和幸福的脸上，与周围壮美的建筑、开阔的人造绿草足球场，以及迎风摇曳的大榕树，构成了一幅光与影、红与绿，充满动感的美妙画卷。

（2015年拍摄）

东湖、西湖

大凡景物之美，都离不开水，水是整个景致的精髓和灵魂。一个校园离开了水，就好比人失去了眼睛，少了灵气。我校五山校区校园内有东、西、南、北4个湖，水面宽百余亩，这在“文化大革命”前，于广州地区高校乃至广东省内高校中，都是屈指可数的美而宽广的校内湖泊。而其中的东湖和西湖，尤令人流连。

东湖和西湖横贯五山校区教学科研和行政生活的中心地带。其中，东湖处于校园中轴线上，西湖在中轴线之西。

就地质、地貌而言，整个五山校区坐落天河区中部，发育于元古宙的晚期震旦系台地，为珠三角平原上160多座台地、丘陵及残丘之一。该台地的地壳运动结束于5.7亿年前。东西两湖即为丘陵形成过程中的系列山塘湖泊之一，是广州市天河区内14个主要天然山塘湖泊的一部分。

《国立中山大学1949届毕业同学录》刊登的《泳场一瞥》一文中对早年的东、西湖有过这样详尽的记载：

鸟瞰东湖

许多同学都说过：这里就少些水，要是有一条河流过，或者一个游泳池，就很好了。是的，大家都很想有一个游泳池。

去年春天刚过，学校就开始自己动手建筑，大家心又齐，每天能动员一两百同学，几个星期过去，好了，立刻就有一个。现在便可以说：我们不缺什么，生活得蛮舒服。中大有了眼睛，亮晶晶的。

游泳池很大，把它叫作洞庭湖（也真有点八百里洞庭的风味），在湖的腰间，浮着一个小小的、长满树木的小岛，它有一个与海盗相同的名字——金银岛，靠在岛上的树边，整个游泳池就能瞧得清清楚楚；湖当中有两个浮台，几艘小船穿来穿去，在

东湖（1959年拍摄）

东湖（1987年拍摄）

东湖

湖的尽头架着一个跳台，同学们在上面站着，一个很好的姿势翻过水里去。我们的泳场就只是这样的设备，虽说简陋得有点可笑，然而却真是自己一滴汗、一双手慢慢掘成的，造出来的。

春天总会带来几阵大雨，雨水从山上流下来，把湖灌满了，跟着是太阳的季节，于是湖不寂寞了，我们和湖做朋友，和湖玩，到这时，每天从下午开始，人就一群一群向着湖去，穿着木屐的，打赤脚走在碎石上，踏在被阳光烧得发烫的石板上，哎哎哟哟叫的，披着浴巾、穿着泳装的，形形色色的人，从各宿舍像水一样流向大湖，湖零乱了，湖活了！

会游的，他们向湖中央的浮台游去，一个浮台挤满十多个人，歪了，要往下沉了，站不稳脚，就通通滚到水里，岸边幸灾乐祸的家伙好意地大笑。一会儿，水里面一冒一冒探出头来，满面是水，满面也是笑，又你挤我打的争着爬上去，浮台弄歪，还得集体滚一次，滚来滚去，就只听见岸上的和水里面的一堆笑声。还有些初学的，在浅水的地方浮来浮去，不敢往外溜，他们渴望能在浮台上面躺一躺，晒太阳，这多惬意，用不着多久，他们就能去的。年青人胆子大，已经有许多人由不会游到会浮，又到游得很好，会游的人一天天多起来，游泳池也一天比一天热闹。

可惜是玩的船少了一点，先到的手忙脚乱把船占领划出去，在船上睡觉，大声唱歌，大声谈话，船后面往往会跟上五六个想上船的。有时攀着船舷要挤上去，把船弄翻了，又是嘻嘻哈哈大笑一场，我们说是爱笑，因为我们实在是很快乐。

一到晚上，就完全变了样儿，很静，只有几艘小船还在湖面浮动，那些不是游泳的人，他们是好朋友，是刚刚掉进昏迷的爱人。他们不喜欢声音，这里是如此的不适合嘈吵，满天都是闪闪的星，天空蓝得要滴下来了，两岸飞着好大的萤火虫，湖水不愿意作声，小船上也没有声音，两个人数着星星，又看看萤；船，自己流着……

说说关于自己的游泳池，真叫人高兴，世界上还有比这更有意思的事吗？自己劳动了，自己去享受，游在水里面，想想："这下面的土，我锄过，我铲过，以后还有许多人要在这里游泳，他们一定很快活，那么我也会快活，最快活的时候莫过于能叫人快活，而自己也一样的快活。"

东、西两湖曾被冠以国内名湖"洞庭湖"之称，听起来似有八百里洞庭之大气。1951年后，东、西湖之谓逐渐代替了洞庭原名。1952年华南工学院组建后，两湖以其独有的风景同样吸引着校园学子。

许多师生员工为美化东西湖，曾经热情地参加修建两湖及湖滨一带道路的义务劳动。如从1954年11月28日到1955年3月26日，近3 500多人修路、挖湖淤泥约1 500立方米。到1977年4月，上千师生还对西湖做过一周清淤劳动。

西湖倒影（2014年5月拍摄）

西湖（1987年拍摄）

1955年至1966年7月，东、西两湖曾作为广州市国防体育航海多项运动中舢板运动水手训练基地之一，为我校师生赢得广州地区赛艇选拔赛和舢板荡桨赛多个奖项立下过汗马功劳。2007年下学期始，我校体育学院开设了皮划艇课程，两湖又分别增设了码头。平日里，艘艘线条流畅的梭形皮艇紧挨着码头浮于水面，整装待发，呼唤同学们前来挑战。

1984年，为方便师生过往西湖，学校修建了近30米长的5孔石拱桥。这座小桥空灵轻巧，成为点景小品，为西湖增添了别样的美感。以后，又在西湖中下段各设置橡胶挡水坝，使坝前堰顶保持一定水深景观。

学校原校报编辑部主任杨和文老师情寄两湖，诵七绝两阕。

东湖一阕：

红楼幢幢绕东湖，潋滟波光入图画。
最是销魂明月夜，水滨一坐俗心无。

西湖一阕：

一虹弯卧湖光里，倒映雄楼与白云。
锦鲤群游显身手，龙门一跃纵横军。

由于人们的喜爱，2003年11月西湖以“西湖岛影”之名入选学校的“校园十景”。杨老师诗兴不减，再为西湖赋五绝一阕：

碧水漾花堤，湖亭月下姿。

晴明浮岛影，曼妙雾晨曦。

东、西两湖还是广州市天河区内6条珠江支流之一猎德涌的发源地。

广州中心城区主要河涌有231条，总长约915公里。其中，猎德涌仅长7.26公里。它自东湖、西湖始向西拐往南，穿广深铁路、石牌岗顶、天河路、黄埔大道到猎德村，越水闸流入珠江，它在清代年间，可通达市区另一河汊——沙河涌。为从源头治污，广州市污水治理有限公司从2009年7月开始对华南理工东、西两湖进行截污。2012年初，污水治理公司又启动了溢洪道沿线的截污工程，从而使上述范围内的污水全部接入猎德涌东侧截污管。此举不仅恢复了原溢洪道的功能，还兼做下游猎德涌补水的唯一通道。

猎德涌现列入广州市政联合补水工程，以改善水环境。2009年9月该段补水工程完成， 2010年6月引自珠江前航道之江水，可以8.4m^3/s流速流经两湖而去，有效解决枯水期所派生的问题，因而调活了两湖水体，改善了水质。

源自一校小河涌，能与大江相连通，这在国内高校中，除我校之外，恐怕极少。它俨然是广州“六脉皆通海，青山半入城”景象的一个真实写照。

80年时光已去，东、西两湖以其浩渺、宽阔的胸怀和绰约多姿的景色，陪伴过多少学生度过他们大学生活，让他们难忘此情，回味终生。

泛舟西湖（1959年拍摄）

西湖（2002年拍摄）

湖中亭

亭在中国文化的长河中有着十分悠久的历史，但古代最早建亭并不是作观赏用。最初的亭子或是用于旅途休憩，或用来迎宾送客，后逐渐开始作为点景建筑，出现在园林之中。

在欣赏东湖、西湖美景的时候，西湖中的“湖中亭”，也一定会吸引你的注意力。

20世纪30年代初，国立中山大学在这一带开山填沼，辟农田阡陌为校园，至1934年夏石牌校区首期工程竣工的时候，湖上便有了小亭。小亭高、宽各约6米，四角飞檐、四脊回纹，由四方柱支撑，有着典型的中国式小亭的风格。

1952年10月，中山大学搬去别处办学，华南理工在此校址组建，故而接管了原中大的大片校园，把小亭也一齐接管了。到现在，它存世也已80多年了。

小亭最初空无一物，孑立水中，没有桥与堤岸相连。不过，即便如此简单，风景也是无限好：湖光潋滟，水中泛舟。当时的国立中山大学校长邹鲁曾受农场主任张农之邀，划着小船，来到小亭，二人饮酒谈心，赏景言志，实在别有风情，难怪邹鲁有感而发，即兴赋诗一首：

一亭峙立水中央，消夏曾来备酒浆。
傍晚归时轻棹桨，微波荡漾入斜阳。

其情其景，令人神往。

1963年学校曾对小亭进行翻修，1983年底新建了石桥使之与湖岸相接，并且加设了亭栏与坐凳；2003年10月又将小亭修葺一新，挂亭额和楹联。其楹联曰：

雾蒙绿岛琅琅书韵知何处
月印西湖熠熠珠光属此亭

楹联由学校原校报编辑部主任杨和文老师创作，广东省书法家协会副主席、我校兼职教授连登题书。如此，让小亭更增添了人文色彩，也更富有诗情画意。

如今，已有学子喃语：“在颇有韵味的湖中亭坐一下，欣赏那对联一副，好字一手，也是十分惬意的事。”

湖中亭对联（2011年拍摄）

湖心亭（2011年8月拍摄）

（2015年拍摄）

金银岛

与湖中亭相邻的金银岛，同样位于五山校区的西湖之中。伴随着学校几十年的沧桑历史，金银岛也经历了由简陋到丰富的变化。

国立中山大学石牌办学时期，已有金银岛之名。是否借用当时学生所熟悉的英国19世纪作家罗伯特·路易斯·斯蒂文森成名作《金银岛》里，加勒比海盗以"金银岛"为呼啸聚首天堂、窟宅之所一说，来调侃课余生活，现在不得而知。今天的学生多称它为情人岛，想来是因为常有一对对情侣将金银岛作为见面约会的浪漫场所！

当年所谓岛只是浅浅水沼中一个杂草丛生、林木葱茏的土堆。围绕该"岛"还有一段轶事呢。

1948年解放战争后期，中大地下党通过社会科学研究会、自然科学研究会、教育研究会、农学院生产团、中师剧团、南燕剧社、创造画社等一批进步学生社团的倡议，修筑游泳场，组织学生用课余时间以简陋工具，于5月11日至6月14日，将西洞庭湖(今之西湖)掘深、拓宽，湖底局部铺上沙子，便成了简易泳场。所挖淤泥堆积于岛周边，从而扩张了其规模。后来在湖中又建了一个浮台，岸边常备有一小艇和桨，供学生练习划船，也为紧急情况的救护使用。1949年4月初，地下党主导的公开合法组织"各院系联合会"参与对简易泳场的管理。以上所为，达到了进一步聚拢基本群众，壮大进步组织

（1985年拍摄）

（1959年拍摄）

以及强健学生体魄的目的。

20世纪50年代后，小岛先后有过木桥、砖石桥与陆地相连，但都比较简陋。1979年前后经重新修建，小桥摇身变成了今天的单孔石拱桥。石拱与水中倒影融为一体，幻化为一个美丽的圆，为金银岛增色不少。同时，学校又在岛的四周增砌了完整的护堤，使金银岛更具魅力。

如今，几经修缮的金银岛，犹如装扮美丽的少女，脉脉含情，静立水中。岛上绿树成荫，小鸟鸣唱，石桌石椅相间其中，四周碧水荡漾，曲桥卧波，风景宜人，是学生晨读、休憩的好去处。借杨和文老师所吟七绝，正是:

湖中一岛雨初晴，琅琅书声伴笛声。
犹喜月圆窥树隙，相拥软语话前程。

2009年，学校在下西湖靠近西区体育馆的一端新建了一个用于观赏的湿地岛，与上西湖的金银岛遥相呼应。岛上有着较为原始的生态景观，绿树成荫、灌木葱茏，引来大群的小鸟栖息驻扎，不时有鸟儿从林间欢唱着跃上天空，也常见一群群小鸭子从湿地岛上蹒跚着走下来，“嘎嘎”地游向水中。这一切，与湖边的参天大树及坐在石凳上或勤奋苦读或互诉衷肠的人们一起，构成了一幅人与自然和谐共存的美好图景，无不让人陶醉忘归。

（2014年5月拍摄）

西湖苑

西湖苑处于绝佳的地理位置，她位于华南理工大学五山校区校园中轴线之西、西湖北路西侧，紧临西湖。包括外国专家楼、专家餐厅及留学生与外籍专家楼，现统称为西湖苑宾馆。

先后有岭南近现代著名设计师林克明、郑鹏、陈开庆等参与西湖苑总体建筑的设计。

由校建筑设计研究院马威设计、1999年动工至2001年投入使用的留学生与外籍专家宿舍为西湖苑的主体，建筑面积5 813.7平方米。

该楼平面设计为“L”形，南北长72.6米，东西长34米，有圆形柱、梯形柱、矩形柱等柱形，造型新颖而别致。

南北向建筑为4层，第一、第二层东面为圆弧形，第三、第四层缩为矩形。

东西向建筑为8层，建筑为四边形。电梯间至楼梯间处有一个房上水池，顶上为一玻璃斜屋顶，池水顺着屋顶而下，形成一景。所形成水幕还能在炎炎夏日时起到降温的作用。

西湖苑在绿树繁花的簇拥下，与周边的西湖、金银岛和湖中亭一起，成为校园里不可多得的人文景观。

作为学校接待重要嘉宾的场所，西湖苑的住宿和饮食接待规格在全校来说都是最高的，西餐、中餐，早茶、夜市一应俱全。大门上经常悬挂着欢迎来校参加各类学术会议、国际研讨会嘉宾的红色横幅，门前拾级而上的台阶每天都铺着红地毯迎接往来客人。

西湖苑宾馆具有高校文化特色的服务风格，2003年11月经广州市旅游局审核批准，被评为“三星级旅游涉外宾馆”，是广东省首家高校三星级宾馆。

邀三五好友，在靠窗的位置静静坐下，或喝杯咖啡，或来杯果汁，听着音乐，细细品尝；而窗外绿竹掩映，清澈浩渺的西湖美景尽收眼底，实在是一件轻松惬意的乐事。

其实西湖苑及其周边的建筑景观可以说是东、西线汇合点。以此开始沿着长江路，可达五山校区的北区。

（2015年拍摄）

33～34号楼主入口花园（2011年拍摄）

左侧为32号楼，右侧为33号楼

31 ～ 34 号楼

学校作为传承知识、弘扬文化的中心，教育建筑的设计建造就显得十分重要。五山校园内的教学楼有较多是原中山大学时期留存下来的具有古典风格的老建筑，这些教学用楼在学校几十年的发展历程中担负起了神圣的使命，从中走出了一批批栋梁之材，在高校教育事业中发挥着重要作用。

随着学校的飞速发展，教学规模的不断扩大，原有的教学用楼已经不足以承担日益繁重的教学任务。于是，31～34号教学楼群也就顺应这一需要建起来了。

作为五山校区教学楼群，31～34号楼是新崛起的教学中心区，处在校园中轴线的西部，坐北朝南，面朝风景极美的西湖，眼前是波光粼粼的清澈湖面，其建筑风水可谓绝好。楼群由我校建筑设计研究院院长、著名建筑设计师何镜堂院士带领王杨、丘劲东、蒋邢辉、许喆等共同设计，分别由广东韶关市第一建筑公司和广东五华县第二建筑公司承建。2001年11月奠基，2003年9月顺利落成并投入使用。

31~34号教学楼群（2015年拍摄）

这一建筑群为框架结构，楼高5或7层不等。鉴于在中国多个地区的中小学教学楼在地震中毁于一旦造成师生伤亡的惨痛教训，设计师在防震等级上的标准要求严格，按地震烈度7度设防。总建筑面积颇为可观，为45 960平方米，总投资为9 591.6万元。其中，各类课室共150间，包括多媒体课室100间。课室座位有292个一间或仅38个一间不等，以适应不同教学的需要。座位总数超过1.7万个，大大扩张了同学们学习的场所，较好地满足了教学之用。

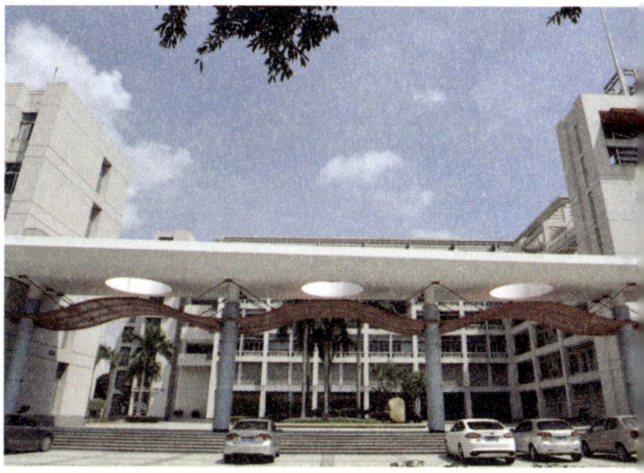
31~34号楼入厅红波浪造型（2015年拍摄）

在设计上，该建筑群充分体现了“园林中有建筑，建筑中有园林”的岭南庭院式建筑风格。为了与周围环境保持和谐，楼群距西湖湖岸30余米，正南方主入口设通透柱式门亭，配以橘红色波浪装饰，使之形成一个开放的空间，与西湖相呼应；建筑底层架空，高度由北向南递减，最南面建筑不超过5层，避免了楼群对湖岸的压迫感；采用单元组合式布局，化整为零，利用楼梯间等元素的凸起形成建筑体型的高低错落，丰富了建筑层次，视觉上减少了建筑体量；在楼群间的庭院内种植绿色植物，将角梅等植物引入每层楼向内的阳台，形成了楼群与自然同在、与花草同在的半围合院落的优雅格局。

2007年6月，1992届研究生部分校友集体捐赠的刻石“思源石”放置在楼群主入口花坛处。刻石篆有明朝理学家朱熹之诗《观书有感》中的名句“问渠那得清如许，为有源头活水来”，诗词由学校教育技术中心职员曾德川所草书。刻石更增添了楼群公共入口的雅致。

该建筑群色彩淡雅，用材简洁，给人通透、明快之感，顺应了近年来五山校区西部建筑逐渐形成的现代主义风格，与附近的8号楼、9号楼的古色古香风格形成对照，很有相得益彰的感觉。

2005年，31～34号楼建筑群被评为教育部优秀建筑设计三等奖。

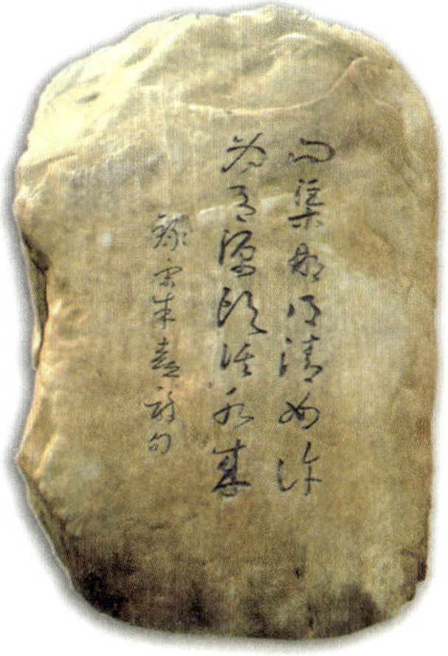
思源石

发电所

位于31～34号楼旁边，有一栋不高但挺别致的建筑，它就是国立中山大学时期的发电所，又称发电厂或电灯厂，是原国立中山大学石牌校区的发电工场。

当年中大人对发电所有过一番描述：

位于洞庭湖畔，为一特殊之钢筋三合土建筑物，外用美丽红砖砌成，周围皆设窗户，对于内部采光极为充分，烟囱突出屋顶70呎，高耸天际。面积56英尺。因顾及见习学生之混集，且为来日扩充，计余地方尚多。

发电所为杨锡宗设计，由广州宏益建筑公司承建，1934年11月动工，次年11月竣工，建筑面积为428.3平方米。

该所建筑体量较小，近似于立方体，为框架结构，外墙由清水红砖砌筑，四面均设有高通窗，屋顶设置两列带状天窗，窗用的压花玻璃花纹十分别致，使用黑漆钢腹门窗和钢制小阳台等具有西方现代特色的金属构件。整栋建筑在外观上形成红砖、黑漆金属、压花玻璃等不同颜色和材质的对比，是当时石牌校区中颇具特色的现代风格建筑。

1938年10月广州沦陷，日军盘踞中大石牌校园后，霸占了发电所内的设备，恣意享受用电之便。

1945年9月日军投降后的一段时间，国立中山大学收复石牌校园，所内设施经过维修维护，继续发电为中大师生学习、生活所用。解放后随着岁月更替，学校用电早已为广州黄埔供电局所提供。发电所的原有功能就此被彻底改变。

此后，它曾作为我校水电后勤服务的办公用楼。2008年学校对其内部作了欧式装修，保留外观，改为校园果吧。室内装修清新典雅，置身其中，静静地享受着淡淡果香，乐声悠扬，让人仿佛穿越时空，遥想当年。而现在，我们仅能从室内唯一保留的一台天车寻觅它早年的痕迹。

2002年7月，该建筑被列入广州市第六批文物保护单位。

1935年拍摄

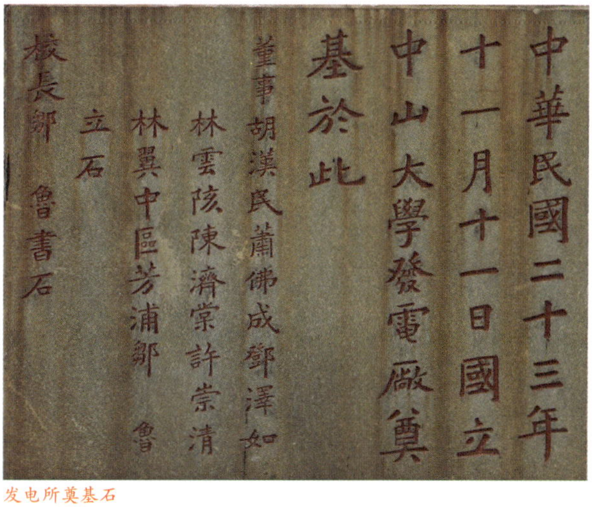

发电所奠基石

北 湖

沿着校园主干道，来到华南理工大学五山校区的北区，我们将首先看到的景点就是北湖（国立中山大学石牌校区时称“青海湖”）。北湖位于五山校区校园中轴线的西侧，即校区之北区中部。

北湖水面面积17 090.3平方米(合25.6市亩)，比东湖略大，平均水深1.6米。北湖的水一直清明洁净，湖畔植物终年碧绿茂盛。较之东、西湖，它仍然带有一种原始的纯朴，流露出大自然的气息，犹如睡美人般静静地躺在校园北区一隅，将喧嚣与繁杂隔绝于外，为湖边晨读的学生和沿湖漫步的人们营造了一种宁静平和的“世外桃源”的意境。

北湖坐拥丰厚的历史文脉：湖东北端史称“旧营盘”的梁山，山腰处有纪念清末著名抗法援越和抗日保台民族英雄刘永福将军而建的“刘义亭”；湖东南的贺兰山上，中大校训石伏卧其间；距其西面数十步之外，有座犹存晚清建筑风格的青砖堡，揭示着从清末到解放战争铸剑为犁的历史……此皆历史慷慨的馈赠。

水上高尔夫练习场

2003年11月，学校在北湖西端湖面建起了国内高校首座高尔夫球水上练习场。在环境幽雅，美如玉带的白色伞亭下，14个球位打击区供师生休闲运动。夜幕降临，伞亭上和湖岸两边的灯光倒映在水中，华丽而旖旎，把北湖衬托得愈发美丽。水上练习场的建立，使风景秀丽的北湖休闲地演变为学校高尔夫运动选修课的最佳“课室”，吸引了不少学生选修高尔夫运动课程。

今天，北湖周边有了更多依山而立的教学、科研与生活用房，国家科技园、继续教育学院、北区师生员工宿舍等楼群错落有致地环绕着湖水；离湖底几十米深处是广州地铁3号线，距湖数百米之遥的天河客运站，就是它的终点与始发站。

北湖周邻的历史与当今、传统与现代，和谐交融，令人感叹。

2003年11月北湖以“北湖晚照”之名入选我校的“校园十景”。原校报编辑部主任杨和文老师以五绝一阕记之：

北区偏自然，花树绕湖边。

春夜灯光落，蛙声伴汝眠。

老校训石

来到五山校区的北区，还有几处有名的历史人文景观值得我们游览，其中之一就是原国立中山大学时期的校训石。它置于北区西南部的木兰山路中段，贺兰山与天梯山两小山丘交汇点，是一块高约7米、长约10米、厚约6米的花岗岩质巨石，其向东的石面上刻有国立中山大学校训，所以叫作校训石，最初也被称作校训纪念石。它恰好坐落在昔日中大学生平常散步必经之处，正好起着对学子的训诫作用。

此校训是原国立广东大学创办人孙中山先生于1924年11月11日所倡立，出自《礼记》之《中庸》篇。校训原正文为“博学　审问　慎思　明辨　笃行”，共5句10字。1934年11月中山大学举行10周年校庆，校长邹鲁抄撰校训，依“中庸”篇原文在每句末

（1934年拍摄）

（1936年拍摄）

（1987年拍摄）

尾都加一个“之”字，刻石时就成了“博学之　审问之　慎思之　明辨之　笃行之”5句15字。

1952年10月，中山大学迁出，留下校训石。石刻历经80年的风雨，其字迹依然醒目可现。它见证了校园的历史变迁，也为学生在喧嚣的尘世中辟出一块沉思的园地。不少校外客人也多有前去造访。2002年7月，该校训石被列入广州市第六批文物保护单位。2003年11月，它以“古石生辉”之名入选我校“校园十景”。学校杨和文老师诵五绝一阕：

大石卧山丘，名言石上留。

先生开胜境，吾辈续春秋。

众多前来造访者，都会在老校训石前留下他们的身影。

贺兰山青砖堡

坐落在五山校区的北区、木兰山路中段的北侧、海拔54米的贺兰山上的青砖堡，是一座圆柱形炮楼，直径约5.5米，高约5米，堡上瞭望、射击孔的水泥用料与壁上零星红砖，都是后人修缮时加上去的。它结构简朴，留存有晚清民初建筑的遗风。

碉堡究竟建于哪个时期，现在已难以考据了。民间有一传说，是晚清民族英雄刘永福在这一带驻防后遗留下的堡垒；而另有一种说法是，从前的民众为捍御盗匪、守望相助、保乡安民而修筑的。

贺兰山与西邻燕塘构成了控制进出广州市区东北方的重要地带。

解放战争后期，成残烛之势的国民党政府溃退南迁广州。国民党中央党部于1949年2月1日从南京迁往广州，国防部（1949年5月21日迁入）、陆海空军联合勤务总司令部(1949年年初迁入)、补给司令部及弹药与军需物资库等部分机构，已全部驻扎在燕塘周边，第四编练司令部(1949年3月11日)则迁到离燕塘不远的沙河。

国民党第五十军于是广泛修筑阻击、扼守工事，青砖堡被其占据，与其他防御工事一起，想以此阻遏人民解放军的进攻。

青砖堡（2003年拍摄）

1949年10月14日17时前，沿广州市东北方疾行进军的解放军第四野战军第十五兵团第四十四军第一三二师，以每小时10公里的速度如箭一般穿越防线，一路上没有遇到顽抗的敌人。

一三二师之三八二团穿越防线后，于18时20分前后派军务股长黄奇逢带一班人沿贺兰山山脚到国立中山大学的北门去保护中大，但中大不让他们进，也不开门，不相信他们是解放军。该团团政委王泮文在当夜22时之后接报后叮嘱道："要耐心说明我军宗旨和行动意图，再带去证明信，取得谅解，共同维护好中大内外的社会秩序，以免坏人乘乱之机破坏。如果实在不行，我们的人只好在校外巡逻，加以保护，耐心等到天明，他们自然会明白。"

国立中山大学为什么不开门?

由于他们从来没见过解放军，怕其中有诈，为谨慎起见而不敢贸然地接纳。在明白之后，立即驱车迎大军入校。

经历了沧桑岁月的青砖堡，以后逐渐被人淡忘。

2000年6月学校在贺兰山一带兴建学生公寓，此时，整个青砖碉堡已是树盘藤缠，碉堡的顶端灌木葱茏。它被着意保留，树碑立传，辟为校园人文景观"春华园"。刻石记青砖堡，供学生踯躅其间、追寻战史，以勉励学子勿忘历史，立志修身，博学报国。

刘义亭

刘义亭位于五山校区北区长江北路中段梁山山腰上。

梁山历史上称作旧营盘，它与西边邻近的燕塘一带一起，是晚清民族英雄刘永福从1886年1月29日起驻军，前后长达17年之久的遗址。

山间小亭建成于1937年2月，亭额曰“刘义亭”。这是一个六角亭，高约6米，边长2米多，亭盖是黄绿琉璃瓦，亭柱头为仿古希腊爱奥尼柱的样式，以水洗石米画装饰表面。

1987年学校对小亭稍作维修，并重新添置了亭内的石凳；从长久着想，将记事碑移入亭中，砌筑于细石米批荡的碑座上；另外，为造访亭子的主要通道开辟了拾步而上的台阶。

2005年8月学校再次进行了修缮，保留小亭原有的外形小巧、装饰简练的风格，着意营造周边物景，以利于人们游赏、徜徉其间，缅怀先辈，激励来者。

2002年7月，刘义亭被列入广州市第六批文物保护单位。学校杨和文老师吟七绝一阕，情寄于此：

芳草萋萋一孤亭，北湖为证记峥嵘。

当年骁将挥戈日，聚义南疆百世名。

大学城校区

DAIXUE CHENG XIAOQU

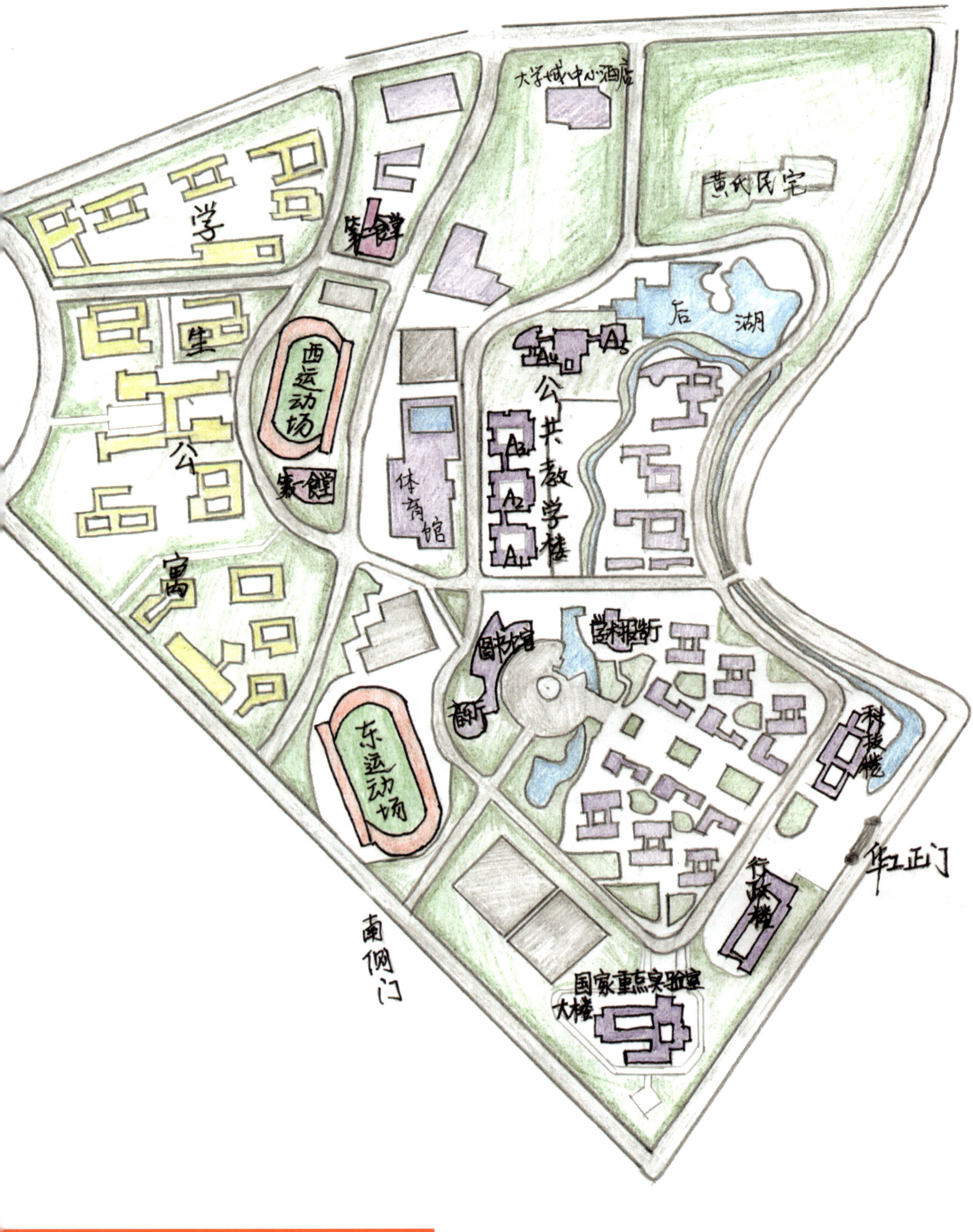
大学城中心酒店
黄氏民宅
学
生
公
寓
西运动场
后湖
公共教学楼
体育馆
学术报告厅
图书馆
东运动场
科技楼
华工正门
行政楼
南侧门
国家重点实验室大楼

大学城校区平面分布图

大学城校区概览

华南理工大学的大学城校区，位于广州市番禺区小谷围岛上广州大学城之东南方，东邻当地的穗石村，南临珠江的新造水道，西近广州地铁4号线，为大学城里10院校校区之一。大学城校区是我校现有校区的延伸与发展。目前该区有10个二级学院。

该校区用地面积为111.9万平方米。其中，东部教学区为81.8万平方米，西部生活区为30万平方米。校建筑设计院负责新校区的规划设计，广州第三建筑公司及广东省第一建筑公司承建。动工于2003年10月，于次年9月及2007年6月两期完工交付使用。另有部分建筑延至2008年上半年方陆续投入使用。现计有学生宿舍15栋、学生食堂2个、公共教学楼4栋、院系办公实验楼11栋以及图书馆、专家招待所、教师公寓等共计48个建筑单体。此外还有多个运动场地。可容纳2.3万名师生工作、学习和生活。目前建筑面积为68.7万平方米，总投资超过20亿元。2004年9月8日举行新校区历史上首个新生开学典礼。

华南理工大学建筑设计研究院院长、建筑学院院长何镜堂认为：

建筑设计是一项以人为本的创造性劳动。一个好的设计，从立意、构思到方案的形成，一切从人的需求出发，以人的尺度为准则，以满足人的活动和使用为前提。

建筑设计又是一项多学科综合的劳动，它涉及社会、政治、经济、文化、科技的各个领域……这中间经过多少人的共同劳动，而决非一个人所能适应得了的，尤其在当今一些大型综合性设计项目，绝非一个建筑师所能胜任的。

在何镜堂设计大师主持下，校建筑设计研究院本着上述认识，秉承现代化、人本化、园林化和生态化的理念，兼顾经济、高效、地域文化特征和可持续发展的总体构思，进行大学城校区校舍修建性规划设计。在保留原有自然地貌和生态痕迹的基础之上，以高起点的环境艺术和景观设计，体现岭南特色的山水情调，营造个性化的育人环境。各建筑群落如细胞模式系统，形成大体集中、个体独立的布局模式，保持了12.3%

的建筑密度和47.4%的绿化率。

大学城校区的校园规划、建筑风格、校门广场等方面都与五山校区和谐统一，相互呼应。五山校区里有神韵诗意的金银岛、具象征意义的百步梯等景观，也都一一再现于大学城校区。

大学城校区主入口面向东南，镌刻校名的刻石立于校门前。门内，平缓舒展的百步梯置于校区中轴线上，行政、科技大楼、部分学院办公实验楼等，均沿百步梯两侧迭次分布，徐徐向上坐落，轴线上的最高处为图书馆和学术大讲堂，从而营造了区域楼群纵深而宽广的视野。而沿二环路核心部位，则集中设置了运动场、体育馆、图书馆、教学楼和国际交流中心等，形成校际间交流的共享空间。西部的教师公寓和4组学生宿舍，都有各自相对独立的公共绿地和运动场地。学生饭堂、医疗中心和综合服务设施均分布于生活区的共享地带。正规划报建的医学院综合大楼也将拔地而起。绿化带的花草树木错落有致、疏密有序，营造出优美的教学科研和生活环境。

中国建筑学会理事长宋春华2006年3月考察大学城校区建筑时，称道新校区建筑的简朴与大气最值得推崇，简朴之中凸现几分工科学校应有的锐气。是一个设计合理、功能齐全、新老校区呼应、和谐流畅、建筑如诗、环境如画的现代化人本校园。

大学城校区成为党和国家领导人以及国务院部委负责人视察我校，外地省市领导人参观、了解广东高校教育事业发展状况的一个新的落脚点。

近年，大学城校区的3组院系办公实验楼群，先后获建设部优秀建筑工程设计二等奖，第四届中国建筑学会建筑创作佳作奖，国家优质工程银质奖、国家优秀工程设计铜奖等多项荣誉。

大学城校区一幢幢崭新的、具有浓郁的现代气息和文化气息的建筑，体现了新型的、现代化的大学风貌。整个校区建筑如诗、环境如画、设施先进。如果去大学城校区游览，一定会让人赏心悦目，流连忘返。

南校区中轴广场（2007年拍摄）

中轴广场

沿着番禺区小谷围岛的外环路往南走，便可到华南理工大学大学城校区正门，走进正门便可看到宽大的中轴广场。

从当时规划设计的理念来看，正门向中心广场呈梯级上升的广场区域，称为中轴广场。广场共分3个梯次，各个梯次虽相互独立却又紧密相连，每一个梯次分别有一个宽敞的台地，台地落差约为2.2米，下一级的开敞空间均面向上一级的开敞空间打开，形成层次递进的结构，显得开阔、空灵而大气，广场以麻石铺面，两边及中间部位设有绿化带，整齐庄重的各院系楼在广场两侧依次排开，各楼门均朝广场敞开，体现着华南理工人理性求真、务实上进的精神和开放民主的管理作风。广场的阶梯设计暗含了北校区百步梯的寓意，充分展示了学校深厚的文化底蕴和朝气蓬勃的新气象。

中心广场

沿着中轴广场走过3层梯级台阶，便来到图书馆正前方的圆形广场，也就是中心广场。围绕中心广场有学术大讲堂、图书馆、学院行政办公楼等建筑。学校大学城校区的大型活动以及每年度新生军训都在图书馆前的中心广场举行，在广场右侧是学术大讲堂。

广场中心处于大学城校区中轴线与教学区两条控制轴线交节点处，为圆形绿地，其余依次铺以橘色、浅褐色、灰色相间的石块，形成多色环形地面。圆形绿地前校区正门方向的旗杆上，鲜艳的国旗与校旗迎风飘展，在蓝天、白云和绿地的映衬下显得醒目而生动。广场周边绿树环绕，伫立广场极目而望，视野颇为开阔，远处隐约可见美丽的珠江江面绿波荡漾、波光粼粼，一衣带水的珠江船影点点，像鱼儿浮在水面上慢慢游动着，自然景观与校园的现代建筑相互映衬，融为一体。广场近图书馆正门阶梯两侧，分别设有顺阶喷泉，泉下水草摇曳，鱼儿嬉戏。毗邻广场左侧的高台水池，三两个梯阶巧妙地利用了水系的落差，形成景观瀑布，瀑布下涓涓细流汇入中心湖区，喻示知识之源取之不竭。整个广场处处可见匠心独具却又仿若浑然天成，呈现出和谐统一之美。

国家重点实验室大楼

从学校大学城校区正门进去，向左穿过B2栋就可到达大学城校区的国家重点实验室大楼，它位于学校大学城校区的最南端。

大楼建筑面积25 460平方米，地上5层，地下1层，由校建筑设计研究院何镜堂、郭卫宏、陈浩楠等共同设计，中国建筑第五工程局承建，2006年1月动工，2008年5月建成。

国家重点实验室大楼为框架结构，与学校大学城校区其他办公大楼一样，红墙绿窗，外墙为红、白色墙砖，配以灰麻石饰面；楼地面采用微粉抛光砖和花岗岩贴面；抗震设防烈度为7度。整个建筑以统一中有变化的机理作为立面造型的手法，用水平遮阳和纵向窗间墙作为立面设计的基本元素，配合楼梯间的局部处理和漏空，增加了建筑的虚实对比与空间感。

国家重点实验室的建成和投入使用，为教师和科研人员进行教学、科研、重大实验和完成国家重大科研项目等提供了良好的条件。

图书馆

大学城校区图书馆位于该区校园中轴线上，紧邻学术大讲堂。走到中心广场，巍峨大气的大学城图书馆就映入你的眼帘。图书馆的正门分为2个梯次，共有31个台阶。全馆框架结构，地上9层，部分地下1层，建筑面积42 318.6平方米。该馆由校建筑设计研究院何镜堂、倪阳、郭昊栩等共同设计，广东省第一建筑工程公司承建，2004年6月动工，2006年9月开始对外服务。该馆是一座集楼宇自控、智能布线、防火监控为一体的现代建筑，第一至第二层为音乐厅、咖啡厅、休闲区、教材中心等；第三层至第六层为书库、阅览室等，可藏书160万册，有2 322个阅览座位；第七层是职工活动室、陈列室、会议室、主机房等；第八层为电梯机房；第九层为装饰屋层。

该馆面朝院系行政办公大楼和大学城校区学校正门，远望珠江，气势雄伟，扇形平面宛如张开的双臂，寓意拥抱知识与智慧，是一座具有浓郁现代气息与文化风格的现代图书馆。

音乐厅

大学城校区音乐厅毗邻图书馆，与东运动场隔路相望。整个建筑面积约1 500平方米，由何镜堂、吴硕贤两位院士与倪阳等共同设计，广东省第一建筑工程公司建造，2004年7月动工，2006年12月投入使用。其外形为椭圆形，内部造型天花为低密度埃特板，侧墙采用MLS扩散构造，上部涂素米黄色亚光清漆。舞台、座位分别为松木和唯康软木制作，音乐厅地面为大理石铺就，可容纳400余观众。我校主办大型音乐晚会，如建校周年校庆声乐专场音乐会、交响管乐团首次大型专场音乐会、首届声乐硕士研究生毕业音乐会等大多在此举行。

该音乐厅也是我校大型文艺演出的最佳选择地之一，为大学城校区师生校园文化活动提供了良好的环境，也是大学城校区实施“文化兴校”发展战略的重要空间，对繁荣大学城校区的校园文化有着重要意义。

学术大讲堂

学术大讲堂位于大学城校区中心广场右侧，该楼的建筑面积5 802平方米，由校建筑设计研究院何镜堂、倪阳、邓孟仁等共同设计，广州市第三建筑工程公司承建，2005年2月动工，2008年9月建成。学术大讲堂与大学城公共教学主楼隔湖相望，遥相呼应。主楼周边繁花似锦，中心湖面碧水荡漾，呈现出一幅现代校园建筑的和谐画面。

该楼为多功能公共建筑，地上3层，半地下1层。主要包括有1 190个座位的学术报告厅、舞台、两层舞蹈训练用房及半地下室各1个。其中，半地下室为商场和设备用房；首层为入口大堂、观众大厅、舞台及附属用房；第二、第三层为舞蹈训练用房。其大型的悬挑空间体现出设计的独创性与结构的技术美，下部空间令视线可以穿越建筑达至深远。学术报告厅是学校与国内外大学、科研院所开展合作交流、举办学术会议的理想场所。例如，庆祝华南理工大学组建60周年交响音乐会、2013年学校新年音乐会等均在这里举办。

公共教学主楼

从中心广场向北走，可来到中心湖区，其北侧便是公共教学主楼。

公共教学主楼背对后湖，为回字形连体建筑布局，1座2栋，由A4、A5组成。主楼地上12层，裙楼地上6层，总建筑面积29 103平方米，由校建筑设计研究院何镜堂、郭卫宏、丘建发等共同设计，广东省第一建筑工程公司承建，2004年7月动工，2005年8月交付使用。该建筑设计考虑以一点式高层体量，作为湖面及两侧开敞空间的对景景观，并作为中轴线的收尾，而裙楼部分通过以竖向线条为主的立面作为轴线尽端广场的界面，并局部架空3层贯通南北空间，与校园中轴线相呼应。由于该楼靠北布置，其一点式高层主楼前形成了较大的广场空间，便于学生往来。该楼首层为教室、消防控制室，第二至第六层为教室、语音室，第七至第十二层为研究室。它与公共教学楼群一起，成为大学城校区教学、科研的中心场所。

公共教学楼群

教学楼是高等学校提升办学规模及质量的重要资源。华南理工大学大学城校区公共教学楼群的建成，满足了学校招生规模扩大的需要。它位于充满青春活力的大学城校区中心湖区西侧。

楼群由楼号为A1、A2、A3的三个风格相同的建筑自南向北以连廊连接而成，东与艺术学院等院系楼隔湖相望，西近体育馆和校园中环东路，与生活区相呼应，南望图书馆、学术大讲堂，北接A4教学大楼，为学子们的学习、生活、体育带来诸多的方便。

楼群高5层，总建筑面积约45 320平方米，由校建筑设计研究院何镜堂、郭卫宏、郑少鹏等共同设计，广州市第三建筑工程公司承建，2003年7月动工，2004年9月正式交付使用。楼群共有课室620间。其中，多媒体教室为94间，可容纳学生18 480人。每层设有教师休息室、卫生间。整座楼群设计人性化，配备有残疾人通道和残疾人卫生间。

该楼群设计理性，工整简洁。如在节能降耗方面，汲取了广州传统建筑西关大屋的“冷巷”（僻静的小巷）的特色，在各栋之间采用3米宽的外连廊形成穿堂风，使建筑物通风良好，也为各栋之间提供了联系和交往的场所。中庭种植有亚热带特色的林木花草，使砖红色楼群在绿色的映衬下更加醒目。

湖滨广场及中心湖区

华南理工大学五山校区有一条树木繁茂、浪漫美丽、始建于20世纪30年代的湖滨路，大学城校区则有一湖滨广场，不知它的命名是否与湖滨路有一定的渊源。湖滨广场位于大学城校区主教学区的正面位置，依湖而建，同时作为大学城校区南北方向的一条轴线，与中轴广场组合成为一个有机整体。

广场前方的中心湖区的水来源于珠江。湖面波光粼粼，两岸绿树成荫，是大学城校区一道靓丽的风景线。它与明朗宏伟的教学楼群相辅相成，共同奠定了“理性校园与浪漫山水相协调、庄重科学精神与自由人文精神相融合”的南校区建筑整体风格基调。湖滨两岸的绿化带以及人性化的亲水平台，乃为师生学习与休憩的好场所。湖中心两座横跨的连桥，将敞开式教学楼与庭院式院系大楼紧紧联结在一起，便于学生与学院建立良好的互动

“连心桥”。清晨，学生迎着朝阳在湖岸和连桥上晨读；晚上，踏着月色在湖岸和连桥上交流与谈心，好惬意。琅琅书声和潺潺水声，构筑了湖滨广场和中心湖区人与自然、科学与人文的和谐与统一，使其成为体现华南理工人文关怀和校园文化内涵的又一重要场所。

体育馆

华南理工大学大学城校区有一座极具现代风格的体育馆，完备的配套设施吸引众多的体育爱好者驻足停留，在那里留下他们矫健的身影，浓缩了年轻学子们青春的活力，洒满了他们的欢声笑语。

它坐落在教学与生活两区相接的中环东路旁，与东田径运动场、篮球场等一起构成大学城校区体育运动中心区域。

全馆地上与地下各1层，总建筑面积13 069平方米，由校建筑设计研究院何镜堂、孙一民共同设计，中国建筑第五工程局承建，2005年12月动工，2007年6月交付使用。

该馆是国内首个无粘结预应力的双曲组合扭薄壳屋面的体育馆。它气势恢宏、极具特色，在造型设计上，既考虑了与周边建筑的协调性和相容性，更突出了它的标志性和纪念性。其屋顶由4个扭壳组合而成，银灰色的反曲屋面呈现出流畅的造型和蓬勃向上的生命力；薄壳屋面的支撑结构从屋顶斜伸向地，稳稳地落在体育馆周边的广场上，形成对屋面有力的支撑，使轻盈的屋顶于飘逸中又略带几分硬朗；支撑构架在屋顶的相交处镶嵌了一个可开启的倒三角锥玻璃构件，既解决了馆内的通风换气问题，又成为屋面

体育馆室内

造型的亮点。其墙体以弧形竖向柱敦和藏于其后的落地玻璃为主要元素，对各向立面加以划分，突显整齐纯净而富有韵律感。

整栋建筑继承了五山校区老建筑的柱廊、反宇、翘檐等民族风格，且创新地使用现代建筑元素，既展现了学校深厚的文化内涵及与时俱进的时代特征，更彰显了现代感和体育个性，体现出新时代大学体育运动的青春活力。

该馆为全封闭式，场地四周的看台设3 428个固定座位，另设2 196个活动座席，并按国际标准设有无障碍坡道和残疾人卫生设施，突出“以人为本”的设计理念。中心场地则可谓是多功能，既可进行乒乓球、篮球、体操、手球等国际标准比赛，也可满足演唱会、演讲或演出等的使用需求。2007年全国大学生运动会和2007年第八届少数民族运动会的部分赛事项目曾在此圆满完成。

大学城校区的体育馆和体育场，于2010年作为广州亚运会、亚残运会的竞赛场所，在16天的亚运会、8天的亚残会中，以它一流场所、设施、服务、形象和品牌圆满完成了柔道、摔跤、盲人柔道和7人制脑瘫足球的全部比赛；接待参赛运动员570余人、媒体记者1 600余人、中外贵宾近5 000人，5万名观众在此见证了47块金牌的诞生。现代化的体育馆需要一流的服务，我校师生在亚运会出色的服务赢得了不少的荣誉，其中国际摔联授予我校“杰出贡献大奖”。

学生食堂

华南理工大学大学城校区有两座学生食堂，第一食堂位于生活区东南侧，第二食堂位于生活区西北侧。这两座学生食堂分布的位置可谓是够便捷，展现了人性化、周到服务的设计理念。

两食堂均由校建筑设计研究院何镜堂、郭卫宏、刘挺等共同设计，总建筑面积22 184平方米。第一食堂的建筑面积为11 458平方米，2003年10月由广州市第三建筑工程公司承建，2004年8月建成，楼高4层，建筑平面随地形为扇形；第二食堂的建筑面积为10 726平方米，2004年7月由广东省第一建筑工程公司承建，2005年8月建成，楼高3层。两食堂共有餐位约6 000个，可以满足15 000人左右同时就餐，如此大的规模，看着就让人豁然开朗，不失为就餐的好去处。大学城校区食堂设计的着眼点为衬托校园整体环境，显现出建筑特色与风格且又与周围环境相融合，与整个校区相协调。

校区食堂坚持“三服务、两育人”的服务宗旨，树立“健康为本、服务至上”的服务理念，不但满足了我校师生各种的饮食需求，也吸引了周边高校的众多师生前来就餐。

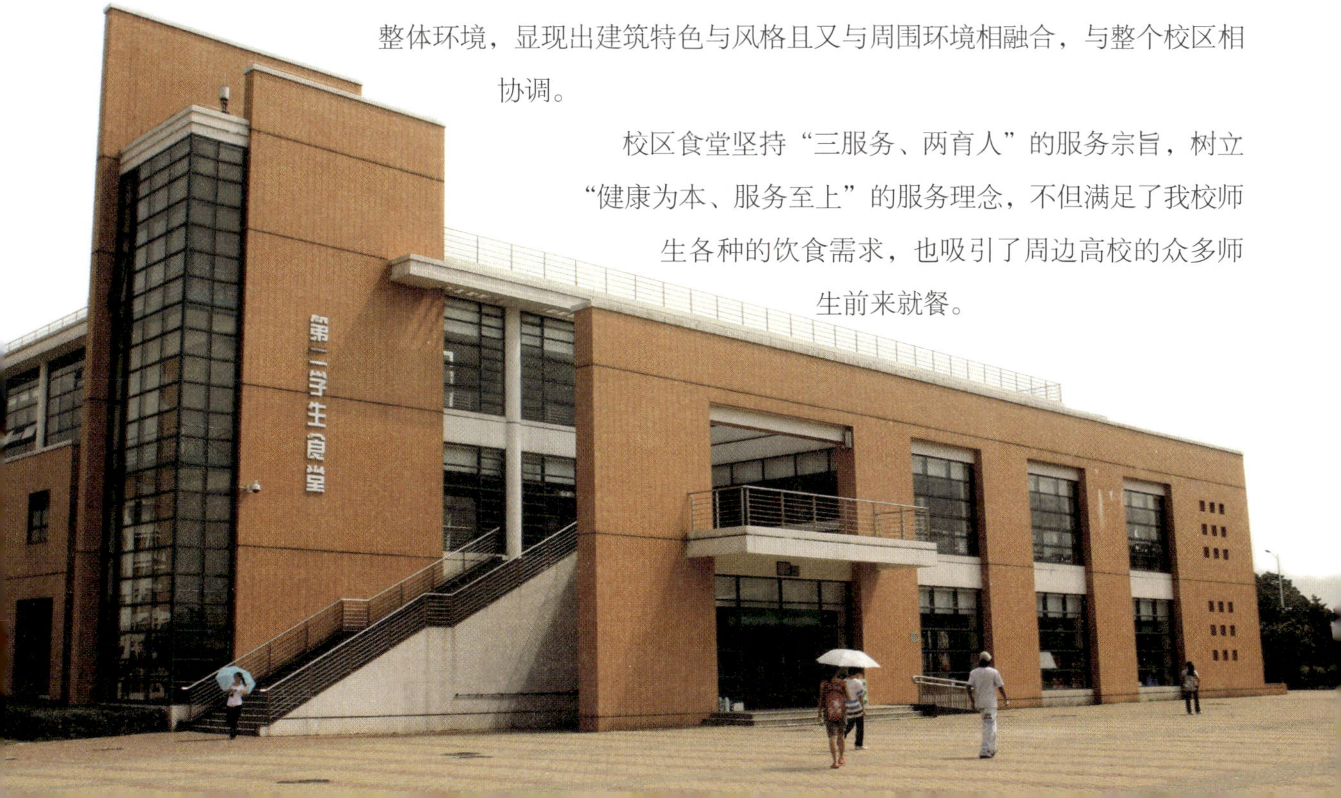

后 湖

后湖也称北湖，此北湖不同于五山校区的北湖，它位于我校大学城校区艺术学院大楼后面，与保存下来的当地黄氏民宅隔湖相望。

后湖与中心湖区为同一水系，常年流动的活水，搭配现代建筑的巧妙与古老民居的质朴，成为大学城校区校园中最独特的景观。后湖周边是大学城校区保留原有地貌最多的地方，环境优美，绿树成荫，斜坡披绿，水系发达。舒目远望，后湖宛如镶嵌在其中的一块天然翡翠，让人们流连忘返。后湖小岛，有老树荫蔽。树下石凳，常坐满休闲或学习的人们。清晨，湖畔的艺术学院大楼常传来悦耳的歌声和琴声，那是艺院学生开始了一天的练习。曼妙柔婉的声与乐，为后湖增添了别样韵味。而湖上的连心桥和凉亭，以及湖区旁的休闲广场，则默默点缀着多姿的后湖。美丽的后湖以其独特的诗情画意，为师生们营造出优雅空灵的工作、学习和生活环境。

黄氏民宅

黄氏民宅位于华南理工大学大学城校区校园内，是建设大学城校区时特意保留下来的原住村民民宅。

这是一座以青砖石脚砌前墙为基本特征，以打凿规整的花岗岩或红砂岩石板做墙脚的清代民居。它体现了广州西关大屋的建造特点：

正间以厅堂为主，由前而后，由南而北，从临街门廊到门厅（门官厅）、轿厅（茶厅）、正厅（大厅或神厅）、头房（为长辈用房）、天井、二厅（饭厅）、二房（尾房），形成一条纵深的中轴线。两旁偏间前部右边是小院和书房，左边是倒朝房（客房）和偏厅（家人生活休息与接待客人之处），俗称“书偏”。倒朝房顶为平天台，供晾晒、赏月和七夕拜七姐等用。书偏中后部为卧室、楼梯间和厨房等。偏间大体左右对称。

这幢民宅相邻两侧由青云巷（又称冷巷、火巷、水巷，排水、通风、采光、晾晒及女眷、杂役出入的小通道）隔开；正间檐口有木雕封檐板，色调清雅；保留着西关大屋特色的防盗与通风采光用“趟栊”门（此处趟栊门是用13条直径为8厘米粗圆木，横排等距嵌入左右两块厚实木枋中，推拉自如。推为趟，拉为拢，横向开合，与现代的推拉门窗启闭方式一样），建有祭拜祖先的祠堂——黄应麟祠堂。祠堂正门面对水塘，樟木制作的大门厚约8厘米，内有横门栓，门脚安在石臼中，别具特色。

从房屋的剖面看，黄氏民宅坡屋顶高低起伏，利用小内院、内天井、敞口厅、青云巷、天窗、侧窗以及可活动的屏门、满洲窗等形成穿堂风，夏日较阴凉。室内装修集工艺美术之大成，木石砖雕，陶塑、灰塑，壁画石景，琉璃及铁漏花、蚀刻彩色玻璃等应有尽有，可以说是清末民初广州的传统民居之一。

大学城中心酒店

大学城中心酒店，曾名为国际学术中心，位于大学城校区北门西北侧。

中心酒店为Π字形建筑布局，建筑面积18 660平方米，地上7层，地下1层，由校建筑设计研究院何镜堂、郭卫宏、罗建河等共同设计，广东省第一建筑工程公司承建，2004年7月动工，2007年5月建成，2007年6月28日对外开业。

整栋楼的建筑风格体现时代感、整体性和文化气质，平面规整，体型简约，建筑立面设计朴素大方，强调肌理与光影，富有韵律感。该楼以砖红色调为主，衬以白色元素，形成明快、简约、生动、富有现代感的外观。

以四星级标准兴建的大学城中心酒店已成为我校接待国内外专家、学者等嘉宾的重要场所，为我校与国内外高校开展合作交流创造了舒适的配套环境。

参考文献

[1] 吴定宇. 中山大学校史（1924—2004）[M]. 广州：中山大学出版社，2006.
[2] 邹鲁. 邹鲁回忆录[M]. 北京：东方出版社，2010.
[3] 广大今日举行成立典礼[N]. 广州民国日报，1924-11-11.
[4] 黄福庆. 近代中国高等教育研究：国立中山大学（1924—1949）[J].（台北）“中央研究院”近代史研究所专刊，1988（6）.
[5] 肖自力. 陈济棠[M]. 广州：广东人民出版社，2002.
[6] 钱穆. 国史新论·中国教育制度与教育思想[M]. 上海：生活·读书·新知三联书店，2005.
[7] 郑力鹏. 中国近代国立大学校园建设的典范：原国立中山大学石牌校园规划建设[J]. 新建筑，2004(6).
[8] 夏征农，罗竹风，马飞海，等. 辞海[M]. 上海：上海辞书出版社，2000.
[9] 李扬程，姚史清. 陈济棠研究史料：广东档案史料丛刊（1928—1936）[Z]. 出版信息不详，1985..
[10] 陈建华，汤应武，罗京军，等. 广州抗战史迹图文集[M]. 广州：广州出版社，2006.
[11] 广州市地方志编纂委员会. 广州市志：卷一大事记（1840—1990）[M]. 广州：广州出版社，1999.
[12] 梅益，孙关龙，刘小映，等. 广东百科全书[M]. 北京：中国大百科全书出版社，1995.
[13] 国立中山大学第廿二届毕业同学录. 民国卅七年[M]. 广州：中山大学出版部，1948.
[14] 国立中山大学廿二周年校庆特刊[Z]. 广州：中山大学出版部，1946.
[15] 国民党军事委员会广州行营参谋处. 广州受降纪述[Z]. 广州：出版信息不详，1946.
[16] 肖冠英. 国立中山大学董事会及建筑董事联席会回议记录撮要、建筑新校舍工程费一览表：民国廿六年四月[Z]. 出版信息不详，1937.
[17] 广东省档案馆. 广东省国民政府办公会议录汇编：第三卷[Z]. 广东省档案馆馆藏，1988.
[18] 国立中山大学现状：民国二十六年[M]. 广州：中山大学出版部，1937.
[19] 国立中山大学校舍概要：民国二十五年[M]. 广州：中山大学出版部，1936.
[20] 国立中山大学建筑石牌新校捐款征信录：民国二十五年[M]. 广州：中山大学出版部，1936.
[21] 张农. 国立中山大学农学院农场报告书：民国十九年至二十五年[M]. 广州：中山大学出版部，1936.
[22] 国立中山大学现状：民国二十四年[M]. 广州：中山大学出版部，1935.
[23] 国立中山大学新校概要：民国二十四年[M]. 广州：中山大学出版部，1935.

［24］国立中山大学第十届毕业同学录：民国二十四年［M］．广州：中山大学出版部，1935.
［25］地理系民三二级．国立中山大学新校测绘图：民国廿四年［Z］．华南理工大学档案馆馆藏.
［26］国立中山大学农场山岗湖沼马路草图——新校全景：民国廿四年九月［Z］．广东省档案馆馆藏.
［27］张掖．国立中山大学成立十周年及新校舍落成纪念特刊［M］．广州：中山大学出版部，1934.
［28］国立中山大学现状：民国二十三年［M］．广州：中山大学出版部，1934.
［29］国立中山大学概览：民国二十二年［M］．广州：中山大学出版部，1933.
［30］国立中山大学概览：民国二十一年［M］．广州：中山大学出版部，1933.
［31］华南理工大学年鉴：一九九六年［M］．广州：华南理工大学出版社，1997.
［32］华南理工大学1989—1992年规划纲要（草案）［Z］．华南理工大学档案馆馆藏.
［33］华南工农学院院长、党委书记及两院有关单位负责人座谈会记录（1956年11月9日）［Z］．华南理工大学档案馆馆藏档案.
［34］黄勋拔，侯月祥，李志业，等．岭南纪事［M］．广州：广东人民出版社，2004.
［35］广州市委党史研究室．罗范群文选［M］．广州：广东人民出版社，1996.
［36］毛泽东书信选集［M］．北京：人民出版社，1984.
［37］肖敬荣，沙东迅，钟信生，等．侵华日军在广州暴行录［M］．北京：中国档案出版社，2005.
［38］宋庆龄选集．上卷［M］．北京：人民出版社，1992.
［39］中共广州市委党史研究室．王均予［M］．广州：广东人民出版社．1999.
［40］中山大学学生工作委员会．血债：“五卅一”纪念手册［Z］．第2版．香港：印刷工业合作社，2005.
［41］中共中央文献研究室，中国人民解放军军事科学院．叶剑英军事文选［M］．北京：解放军出版社，1997.
［42］中国第二历史档案馆．中华民国史档案资料汇编：第二卷，文化（二）［M］．南京：江苏古籍出版社，1991.
［43］中共广州市委党史研究室．中共广州党史大事记［M］．广州：广东人民出版社，1991.
［44］中央教育科学研究所．中华人民共和国教育大事记（1949—1982）［M］．北京：教育科学出版社，1984.
［45］杨家骆．中法战争文献汇编（一）［M］．台北：鼎文书局，1973.
［46］中共华南工学院第五次党员大会工作报告，第三次修改稿，1961年7月28日［Z］．华南理工大学档案馆馆藏.
［47］马欣，曹立君．北京的牌楼牌坊［M］．北京：北京美术摄影出版社，2005.
［48］肖自力，等．陈济棠，岭南文化知识书系［M］．广州：广东人民出版社，2002.
［49］丁小春，戈福录，王世英．东北解放战争大事记［M］．北京：中共党史资料出版社，1987.
［50］朱建华．东北解放战争史［M］．哈尔滨：黑龙江人民出版社，1987.
［51］刘凤翰．国民党军事制度史［M］．北京：中国大百科全书出版社，2009.

［52］张明金，刘立勤．国民党历史上的158个军［M］．北京：解放军出版社，2007.

［53］曹剑浪．国民党军简史（下册）［M］．北京：解放军出版社，2004.

［54］广州青年运动史研究委员会．广州学生运动史（1919—1949）［M］．广州：华南理工大学出版社，2002.

［55］吴庆洲．广州建筑［M］．广州：广东省地图出版社，2000.

［56］杨刚，侯连奎，曾国方，等．广东省志·军事志［M］．广州：广东人民出版社，1999.

［57］广州市天河区地方志编纂委员会．广州市天河区志［M］．广州：广东人民出版社，1998.

［58］左双文．华南抗战史稿，近代历史与社会文化转型丛书［M］．广州：广东高等教育出版社，2004.

［59］彭长歆．岭南近代著名建筑师［M］．广州：广东人民出版社，2005.

［60］杨万秀，吴志辉．刘永福评传［M］．郑州：河南教育出版社，1985.

［61］广州市天河区地方志编纂委员会办公室．天河今昔［M］．广州：广东地图出版社，1995.

［62］赵建华．原国立中大石牌校园历史建筑保护初探［D］．广州：华南理工大学，2004.

［63］杨资元，黎元江．英雄花照越王台：历代咏广州作品选［M］．广州：广州出版社，1996.

［64］吴春年，陈国坚．张进［M］．广州：华南理工大学出版社，2005.

［65］曾庆榴，陈宏君，叶文益，等．中国共产党广东地方史：第一卷［M］．广州：广东人民出版社，1999.

［66］梁山，李坚，张克谟，等．中山大学校史（1924—1949）［M］．上海：上海教育出版社，1983.

［67］何锡全．第二条战线之歌：忆解放战争时期中山大学学生运动诗文选集［M］．广州：广东人民出版社，2002.

［68］广东省政协文化和文史资料委员会．广东文史资料精编：上篇，第2卷，民国时期军事篇［M］．北京：中国文史出版社，2008.

［69］广东省政协文化和文史资料委员会．广东文史资料精编：上篇，第1卷，民国时期政治篇［M］．北京：中国文史出版社，2008.

［70］广州市政协学习和文史资料委员会．广州文史资料存稿选编（三）［M］．北京：中国文史出版社，2008.

［71］何裕坤，黄穗生．广州解放史录［M］．广州：广东人民出版社，1999.

［72］何邦泰，罗进．广州抗战纪实：广州文史第四十八辑［M］．广州：广东人民出版社，1995.

［73］广东青运史研究委员会办公室．广东青年运动回忆录［M］．广州：广东人民出版社，1986.

［74］政协广州市委文史资料研究委员会．广州文史资料选辑：第二十四辑［M］．广州：广东人民出版社，1981.

［75］政协广州市委文史资料研究委员会．广州文史资料选辑：第二十辑［M］．广州：广东人民出版社，1980.

［76］政协广州市委文史资料研究委员会．广州文史资料：第十五辑［M］．出版信息不详，1965.

［77］政协广州市委文史资料研究委员会．广州文史资料：第十二辑［M］．广州：广东人民印刷厂，1964.

［78］政协广州市委文史资料研究委员会．广州文史资料：第十辑［M］．出版信息不详，1963.

[79] 政协广州市委文史资料研究委员会. 广州文史资料：第四辑 [M]. 广州：广东人民印刷厂，1961.
[80] 政协广州市委文史资料研究委员会. 广州文史资料：第二辑 [M]. 广州：广东人民印刷厂，1961.
[81] 陆元鼎. 回忆夏昌世教授的建筑观 [M] //杨永生. 建筑百家回忆录. 北京：中国建筑工业出版社，2000.
[82] 钟明，黄菘华，陈翔南，等. 解放战争时期广州的地下斗争 [Z] // 纪念广州解放三十五周年党史资料选编. 出版信息不详，1984.
[83] 赖春泉，刘智莹，何桂华. 解放战争时期广州青年运动资料选编，广州青年运动史资料丛刊 [Z]. 出版信息不详，1984.
[84] 中国新闻社. 廖公在人间 [M]. 北京：生活·读书·新知三联出版社，1984.
[85] 政协广州市政协文史资料研究委员会. 南天岁月：陈济棠主粤时期见闻实录 [M] // 文史资料选辑：第三十七辑. 广州：广东人民出版社，1987.
[86] 屠鹤云，彭颂涛. 曙光照羊城 [M]. 出版地不详.
[87] 建国初期史料专辑：上册，广州文史第五十七辑 [M]. 广州：广东人民出版社，2000.
[88] 贺红卫，杨琪. 我与广州解放：纪念广州解放60周年口述史 [M]. 广州：广州出版社，2009.
[89] 胡提春，刘智莹，林镜华，等. 一二·九运动在广州 [M]. 广州：广东人民出版社，1994.
[90] 杜仙湖，翟修文. 中国古建筑修缮技术 [M]. 北京：中国工业出版社，1983.
[91] 杨天石. 抗战与战后中国 [M]. 北京：中国人民大学出版社，2007.
[92] 何镜堂. 建筑创作与建筑师素养 [M] // 王素卿，周畅，朱小地，等. 第一、二届梁思成、建筑奖获奖者作品集. 北京：机械工业出版社，2003.
[93] 王绍周. 中国近代建筑图录 [M]. 上海：上海科学技术出版社. 1989.
[94] 华南理工大学校园建筑与人文景观编委会. 华南理工大学建筑与人文景观 [M]. 广州：华南理工大学出版社，2008.
[95] 茅盾. 抗战时期中国文艺活动的发展 [M]. 上海：上海文艺出版社，1990.
[96] 沈克勤. 孙立人传 [M]. 台北：台湾学生书局，1998.
[97] 裴军. “孙文与梅屋庄吉”特别展览将在东京举办：纪念辛亥革命100周年，展示孙中山早期革命经历 [N]. 中国青年报，2011-07-19.
[98] 李元元. 2011年学校工作报告 [N]. 华南理工大学报，2011-03-15.
[99] 陈臣. 团队欢庆圆满完成任务 [N]. 华南理工大学报，2010-12-31.
[100] 邱敏，王丹阳. 全城治水 一天当五天用 [N]. 广州日报，2010-11-23.
[101] 肖欢欢. 从珠三角龙头到国际大都市——广州：国家中心城市地位奠定 [N]. 广州日报，2010-11-17.
[102] 江筱梅. 南海儿女 [N]. 老人报，2010-06-25.
[103] 梁婉玲. 为“一湾江水绿”建言献策：广州市老工程师协会举办“污水治理与河涌综合整治”科技论

坛纪要［N］. 老人报，2010-04-07.
［104］卜瑜，赖南坡. 朱老总祖居乳源：乳源县文史专家赴四川考察认为，朱德元帅祖先从西京古道入川［N］. 广州日报，2008-06-02.
［105］刘慧婵，吴春年. 我校正式启用新校徽新校训［N］. 华南理工大学报，2006-07-10.
［106］杨和文. 春日登科技大楼［N］. 华南理工大学报，2006-04-15.
［107］陈怡荣. 中国建筑学会理事长宋春华参观我南校区［N］. 华南理工大学报，2006-03-30.
［108］李佳楠. 宁静的浪漫［N］. 华南理工大学报，2005-11-15.
［109］杨和文. 一号楼史话配图诗［N］. 华南理工大学报，2004-07-02.
［110］林尤轶. 校园盛开雕塑花［N］. 华南理工大学报，1993-02-28.
［111］李伯天. 解放前夕我院革命斗争片断［N］. 华南工学院（华南理工大学校报），1981-06-29.
［112］水电组. 尽一切可能为祖国节省资金［N］. 华南工学院（华南理工大学校报），1953-11-27.
［113］茹至刚. 我们战斗在各个不同的建设岗位上：哈尔滨五十二位校友来信，毕业同学来信之九［N］. 华南工学院（华南理工大学校报），1954-04-15.
［114］全校员生恭迎林主席莅校盛况［N］. 国立中山大学日报，1937-03-30.
［115］法远东舰队总司令安德威昨莅校参观［N］. 国立中山大学日报，1937-03-18.
［116］美亚洲舰队司令颜尔露上将昨莅校参观［N］. 国立中山大学日报，1937-04-13.
［117］德国加尔士劳号巡洋舰士官生到校参观［N］. 国立中山大学日报，1936-02-15.
［118］原海牙国际法庭法官王宠惠到校参观［N］. 国立中山大学日报，1936-03-16.
［119］开投标新校员工宿舍［N］. 国立中山大学日报，1936-04-03.
［120］王教育部长世杰来校参观［N］. 国立中山大学日报，1936-09-26.
［121］十八军高级军佐来校参观［N］. 国立中山大学日报，1936-10-09.
［122］图书馆工程开投［N］. 国立中山大学日报，1936-10-12.
［123］日本贵族院考察团莅校参观纪要［N］. 国立中山大学日报，1936-10-17.
［124］湘省主席捐资千元，建筑刘永福将军纪念亭［N］. 国立中山大学日报，1936-12-05.
［125］菲总统奎松来校参观［N］. 国立中山大学日报，1936-12-14.
［126］叶庆同. 新校杂诗［N］. 国立中山大学日报，1935-04-10.
［127］启新亭定期开幕［N］. 国立中山大学日报，1935-05-01.
［128］本校第二农场植树活动记录［N］. 国立中山大学日报，1928-03-20.
［129］何镜堂. 环境·文脉·时代特色［J］. 建筑学报，1995（10）.
［130］童恩悼. 有关南方炎热地区住宅净高问题［J］. 建筑学报，1959（2）.
［131］黄培伦. 悦苑伴沁园［J］. 太阳钟（华南理工大学工商管理学院院刊），2007（6）.
［132］黄汝钊. 来信［J］. 中山大学（石牌）广西老战友联谊会. 飞鸽传情，2003（30）.

［133］黄建树．中山大学校友隆重举行纪念“五三一”运动及爱协成立55周年座谈会上的发言［J］．鸿雁传书（中山大学理工校友联谊会）2002（66）．
［134］章日荣．国庆寄情［J］．鸿雁传书（中山大学理工校友联谊会），2000（57）．
［135］黄建树．理工校友联谊会十年大事记［J］．鸿雁传书（中山大学理工校友联谊会十年华诞专刊），1998（52）．
［136］谢伯平．抒怀［J］．鸿雁传书（中山大学理工校友联谊会），1997（44）．
［137］何宝玮．校园意识和高校校园改扩建：从华南理工大学校园改扩建说起［J］．高校基建，1996（4）．
［138］刘树道．校园环境与校园雕塑［J］．高校基建，1996（4）．
［139］黄大津．化工系历史的回顾［Z］// 回顾与足迹：中大化工校友会纪念特刊，上册．广州，出版信息不详，1994.
［140］黄大津．复员时期的化工系［Z］// 回顾与足迹：中大化工校友会纪念特刊，上册．广州，出版信息不详，1994.
［141］罗文沛．氧社校友活动简况［Z］// 回顾与足迹：中大化工校友会纪念特刊，上册．广州，出版信息不详，1994.
［142］冼耀垣．复员后校中境况［Z］//中山大学化工校友会．回顾与足迹，续编．中大化工校友会纪念特刊，1995.
［143］张殊希．脚印［Z］//中山大学化工校友会．回顾与足迹，续编．中大化工校友会纪念特刊，1995.
［143］赵建华．原国立中大石牌校园历史建筑保护初探［D］．广州：华南理工大学，2004.
［144］邹鲁．学海研搜．启新亭［N］．国立中山大学日报，1935-03-22（4）．

后　记

如果，本书能使新来的师生，对学校历史与校园环境有一个大致的了解；或者，唤起不同时期的校友，对过往校园学习与生活的追忆，那么，就基本达到本书编写目的了。

本书脱胎于2008年10月学校出版的《华南理工大学校园建筑与人文景观》画册，也是在2011年出版的《华南理工大学人文建筑之旅》一书的基础上修改完善而成。此次修订改版，增加了文稿修改人员，由陈国坚牵头，袁晓凤、欧阳慧芳、朱丽梅、顾美玲各分担一部分景观文稿的修改，最后由袁晓凤统稿。本书修改的出发点是想在保留原书特色的同时，形成写史与写生活、写景与抒情并存的风格，但因水平有限，书中难免错漏，还请读者批评指正。

书中许多文字此前出自校档案馆张娟娟、袁晓凤、林林、欧阳慧芳、朱丽梅、顾美玲以及王苹等同事之手，档案馆为本书编写提供了便利。王众托老教师等为本书的修改提出了宝贵的意见。书中老图片为学校档案馆馆藏，新图片及手绘图多为学校师生员工的作品，在此对作者表示谢意！

学校出版社韩中伟社长积极筹划本书改版，在此，一并深表谢忱之意。

编著者

2015年8月